理解与发现

数学学习漫谈

王在华　姚泽清　编著

科学出版社

北京

内 容 简 介

这是一本介绍如何有效地进行数学学习的著作，融入了作者多年来对数学学习与研究的一些思考. 本书始终贯彻"从简单的做起"以及"特殊化与一般化的相互转化"的思想，通过大量实例介绍了如何由简单情形或简单问题获得理解，如何由处理简单情形或简单问题的思想、方法或结论获得启发，应用归纳法与类比法产生不同角度、由此及彼、举一反三的联想，进而获得待求问题的解决或作出新的发现. 本书还简要介绍了分数阶导数的概念和一些简单结论.

本书可供大学数学专业高年级学生、研究生和数学教师参考，也可作为数学专业"数学方法论"课程的教材或参考书.

图书在版编目(CIP)数据

理解与发现 数学学习漫谈/王在华，姚泽清编著. —北京: 科学出版社，2011.6
ISBN 978-7-03-031159-7

Ⅰ. ① 理… Ⅱ. ① 王… ② 姚… Ⅲ. ① 数学–学习方法 Ⅳ. ① O1-4

中国版本图书馆 CIP 数据核字(2011) 第 095584 号

责任编辑：王丽平 房 阳／责任校对：郭瑞芝
责任印制：徐晓晨／封面设计：耕者设计工作室

科 学 出 版 社出版
北京东黄城根北街 16 号
邮政编码：100717
http://www.sciencep.com

北京京华虎彩印刷有限公司 印刷
科学出版社发行 各地新华书店经销
*

2011 年 6 月第 一 版 开本：720 × 1000 1/16
2014 年 2 月第二次印刷 印张：8 1/2
字数：161 000
定价：35.00 元
(如有印装质量问题，我社负责调换)

前　言

　　数学是一门逻辑严密、叙述严谨的学科, 其文献资料通常是按照演绎的方式编排的. 我们常常惊诧: 那些优美简洁的数学理论到底是如何发现 (提出来) 的? 在学习数学时, 我们经常会遇到抽象难懂的数学问题或理论, 不知该如何去理解、去解决. 在这些情况下, 最常规但又可能最容易被忽视的做法是

从简单的做起!

因为简单的问题容易理解, 也常常蕴涵着本质特征. 从简单的做起, 就是要由简单的情形 (问题) 获得理解, 由处理简单情形的思路、方法和结论获得启发, 产生不同角度、由此及彼、举一反三的思考与联想, 从而解决待求解的问题或作出新的发现. 只有深刻理解简单问题的普遍特性, 看到简单问题所蕴涵的本质特征, 才有可能作出新的发现. 在这个过程中, 需要不断地提问题. 例如, "以前遇到过类似的问题吗? 它是如何得到解决的? 解决问题的关键在哪里? 问题的答案和解决思路能用于解决新的问题吗?" 其次, "这个问题有什么具体背景? 涉及的数学量在几何上或物理上对应什么? 有什么相关的物理原理?" 另外, "这是某个框架下的一个特例吗? 能将它推广到一般情形去吗?" 还有, "这个结论或方法好用吗? 能将其简化, 得到更精细或更简洁的结论吗?" 更重要的是, "换个角度来看, 问题会怎么样?"…… 这些问题体现了一般化与特殊化的两种基本思路以及联想的重要作用. 有了问题就要设法去解决, 归纳法和类比法是解决问题、获得发现的有力武器. 著名的美国数学家和教育家 Pólya 曾说过: "数学思维不是纯形式的, 它所涉及的不仅有公理、定理、定义及严格的证明, 而且还有许许多多其他方面: 推广、归纳、类比以及从一个具体情况中抽象出某个数学概念等. 数学教师的重要工作是让他的学生了解这些十分重要的非形式思维过程." 其中的非形式思维过程是一种合情推理过程, 体现发现问题、解决问题的基本素养. 如果能够在日常的数学学习中自觉地运用这些思路和方法, 久而久之就能形成一种良好的思维习惯、提高数学学习的效率. 如果数学教师始终坚持按这样的思路和方法组织教学内容, 并在课堂教学过程中以这样的方式引导学生思考、探索, 那么学生理解数学、发现问题与解决问题的能力就一定能够得到提高.

　　获得理解的合情推理过程中需要做大量的探索工作, 这是从事科学研究的必要训练. 有些人觉得科学研究很神秘, 自己读书少, 与作科研无缘. 无疑, 作研究需要读书学习, 很难想象一个读书很少、知识贫乏 (从而不能有效联想) 的人能够在科

学上提出自己创新的见解. 其实, 每一个受到必要的专业知识训练的人都可以在科学上做出自己的点滴贡献. 如果做一个有心人, 对自己有信心, 养成探索式的学习习惯, 努力去理解和重现别人已完成的工作, 尽可能多地对研究材料加以消化、整理、归纳, 一有心得就记录下来, 再继续深入思考下去, 一步一个脚印, 等积累到一定程度, 就可以水到渠成, 找到自己喜欢的课题, 提出自己的创新见解.

本书前 5 章的主要内容最初是为数学专业本科生选修课 "数学方法论" (20 学时) 准备的教学资料, 后对其进行扩充, 形成了现在的框架. 前 5 章的主要内容可以选为本科生 "数学方法论" 课程的教学内容或参考资料, 全书内容可作为数学专业低年级研究生论文开题前的阅读材料. 本书不涉及数学思维方法与思维模式的一般性讨论, 主要是想通过对若干典型问题的探索来阐明如何将 "特殊化与一般化"、"归纳法与类比法" 等思维方法应用于数学学习与研究中. 在编排的方式上, 力争能够体现 "按照一种合情合理的方式找到解决问题的思路和答案", 其中多数问题属于 "初等数学"、"微积分"、"线性代数" 与 "常微分方程" 等课程的典型内容范畴, 但处理方法则融入了我们自己的深入思考, 具有一定的独特性. 作为一种尝试, 在内容的叙述方面, 本书因强调合情推理而可能丧失某些严密性, 有的内容相对完整, 有的则只提供了大体思路或方向, 有兴趣的读者需要探索或者阅读参考书才能获得完整的认识. 本书中安排了 15 道习题以及若干没有编号的思考题, 有的很简单, 可以直接看出答案, 有的则需要深入思考和探索才能获得解决. 习题 (甚至例题) 在书中出现的先后顺序和章节位置并不太重要, 其目的不在于对问题本身的理解与解决, 而是希望读者展开由此及彼、举一反三的思考和探索.

分数阶微积分是经典微积分的一种直接推广, 最近一二十年受到了工程技术领域越来越多的关注, 并被应用于解决工程技术中的一些实际问题. 分数阶微积分的发展正好体现了由特殊到一般的思路, 符合本书的主题, 因而在第 6 章, 由整数阶导数引入了一般的分数阶导数, 由整数阶微分方程简要介绍了分数阶微分方程的概念, 希望能引起读者的兴趣和深入思考以及进一步探索.

本书的出版得到了国家杰出青年科学基金 (项目: 10825207) 的资助, 同事崔周进与博士研究生李俊余阅读了部分书稿并提出了许多有益的建议, 在此对他们表示衷心的感谢.

由于知识水平有限, 书中不足或疏漏之处在所难免, 敬请读者批评指正. 联系邮箱为 zhwang@nuaa.edu.cn(王在华).

王在华　姚泽清

2010 年 8 月

目　　录

第 **1** 章

从一个简单不等式谈起

认识一个新的事物总是由简单到复杂. 简单的问题容易理解, 也常常是一面镜子, 能使我们看清问题的本质. 因此, 以简单情形为起点, 深刻理解其本质特征, 并由此经过恰当的联想和推理, 获得合情合理的结论, 是进行数学学习与研究的基本功. 本章将从一个简单的不等式出发来阐述获得理解与发现的基本思路和方法.

1.1　平均值不等式

设有实数 $x_1, x_2 \geqslant 0$, 那么

$$\frac{x_1 + x_2}{2} \geqslant \sqrt{x_1 x_2} \tag{1.1}$$

这个不等式的证明非常简单, 它等价于下面的不等式:

$$(\sqrt{x_1} - \sqrt{x_2})^2 \geqslant 0$$

显然, 在非负实数范围内, 上式是成立的. 证明了这个简单不等式, 还想知道: 如果有多个实数, 如 $x_1, x_2, \cdots, x_n \geqslant 0$, 会有类似的不等式吗?

以下假设 $x_1, x_2, \cdots, x_n \geqslant 0$. 对 $x_1, x_2, x_3, x_4 \geqslant 0$ 有

$$\begin{aligned}
\frac{x_1 + x_2 + x_3 + x_4}{4} &= \frac{1}{2}\left(\frac{x_1 + x_2}{2} + \frac{x_3 + x_4}{2}\right) \\
&\geqslant \frac{\sqrt{x_1 x_2} + \sqrt{x_3 x_4}}{2} \\
&\geqslant \sqrt[4]{x_1 x_2 x_3 x_4}
\end{aligned} \tag{1.2}$$

类似地, 容易得到

$$\frac{x_1 + x_2 + \cdots + x_8}{8} \geqslant \sqrt[8]{x_1 x_2 \cdots x_8} \tag{1.3}$$

$$\frac{x_1 + x_2 + \cdots + x_{16}}{16} \geqslant \sqrt[16]{x_1 x_2 \cdots x_{16}} \tag{1.4}$$

$$\frac{x_1 + x_2 + \cdots + x_{32}}{32} \geqslant \sqrt[32]{x_1 x_2 \cdots x_{32}} \tag{1.5}$$

$$\cdots\cdots$$

因此, 完全有理由相信如下的平均值不等式成立:

$$\frac{x_1 + x_2 + \cdots + x_n}{n} \geqslant \sqrt[n]{x_1 x_2 \cdots x_n} \tag{1.6}$$

事实上, 当 $n = 3$ 时,

$$\frac{x_1 + x_2 + x_3}{3} = \frac{x_1 + x_2 + x_3 + \dfrac{x_1 + x_2 + x_3}{3}}{4} \geqslant \sqrt[4]{x_1 x_2 x_3 \frac{x_1 + x_2 + x_3}{3}}$$

整理得

$$\left(\frac{x_1 + x_2 + x_3}{3}\right)^{3/4} \geqslant \sqrt[4]{x_1 x_2 x_3}$$

也就是说,

$$\frac{x_1 + x_2 + x_3}{3} \geqslant \sqrt[3]{x_1 x_2 x_3} \tag{1.7}$$

在一般情况下, 假设不等式对 $n = k + 1$ 时成立,

$$\frac{x_1 + x_2 + \cdots + x_{k+1}}{k+1} \geqslant \sqrt[k+1]{x_1 x_2 \cdots x_{k+1}} \tag{1.8}$$

那么

$$\frac{x_1 + x_2 + \cdots + x_k}{k} = \frac{x_1 + x_2 + \cdots + x_k + \dfrac{x_1 + x_2 + \cdots + x_k}{k}}{k+1}$$

$$\geqslant \sqrt[k+1]{x_1 x_2 \cdots x_k \frac{x_1 + x_2 + \cdots + x_k}{k}}$$

简单变形后即得不等式

$$\frac{x_1 + x_2 + \cdots + x_k}{k} \geqslant \sqrt[k]{x_1 x_2 \cdots x_k} \tag{1.9}$$

既然不等式 (1.6) 对 $n = 2^3 (= 8)$ 成立, 那么上述推理表明, 当 $n = 7$ 时, 不等式也是对的, 进而当 $n = 6, 5$ 时, 不等式也成立. 重复这样的步骤可知, 对 $n = 2^4$

$(=16)$, 15, 14, 13, 12, 11, 10, 9, 进而对所有 2 的次幂以及介于 2 的次幂之间的 n, 不等式 (1.6) 总是成立的.

上述证明过程首先处理了易于处理的情形, 即 n 为 2 的整数幂, 然后再补全 n 为介于两个 2 的整数幂之间的所有情形.

不等式 (1.6) 的左边与右边分别称为算术平均值和几何平均值, 都是介于 x_1, x_2, $\cdots$, x_n 中的最大值和最小值之间的数. 该不等式表明, 算术平均值不小于几何平均值.

1.2　理解与发现的基本思路和方法

前面从最简单的不等式 (1.1) 出发, 很容易地证明了不等式 $(1.2)\sim(1.4)$ 等, 进而猜想有一般形式的不等式 (1.6) 成立. 然后, 又严格证明了这个平均值不等式. 但还不满足, 希望可以从中获得更多的理解和发现.

平均值不等式对所有非负数 x_1, x_2, $\cdots$, x_n 都成立, 当这些数取某些特别的数时也成立. 首先, 对正数 $1/x_1$, $1/x_2$, $\cdots$, $1/x_n$, 不等式 (1.6) 也成立. 因此,

$$\frac{\dfrac{1}{x_1}+\dfrac{1}{x_2}+\cdots+\dfrac{1}{x_n}}{n} \geqslant \sqrt[n]{\frac{1}{x_1}\frac{1}{x_2}\cdots\frac{1}{x_n}}$$

整理得

$$\sqrt[n]{x_1 x_2 \cdots x_n} \geqslant \frac{n}{\dfrac{1}{x_1}+\dfrac{1}{x_2}+\cdots+\dfrac{1}{x_n}} \tag{1.10}$$

不等式 (1.10) 的右边称为调和平均值. 和不等式 (1.6) 联立可知, 当 x_1, x_2, $\cdots$, $x_n > 0$ 时有

$$\frac{x_1+x_2+\cdots+x_n}{n} \geqslant \sqrt[n]{x_1 x_2 \cdots x_n} \geqslant \frac{n}{\dfrac{1}{x_1}+\dfrac{1}{x_2}+\cdots+\dfrac{1}{x_n}} \tag{1.11}$$

因此, 在三个平均值中, 算术平均值最大, 调和平均值最小, 而几何平均值介于两者之间.

其次, 如果取 $x_i = \mathrm{e}^{y_i}(i=1,2,\cdots,n)$, 那么

$$\frac{\mathrm{e}^{y_1}+\mathrm{e}^{y_2}+\cdots+\mathrm{e}^{y_n}}{n} \geqslant \mathrm{e}^{\frac{y_1+y_2+\cdots+y_n}{n}} \tag{1.12}$$

另外, 如果令

$$x_1 = x_2 = \cdots = x_k = x, \quad x_{k+1} = x_{k+2} = \cdots = x_n = y$$

那么不等式 (1.6) 变为

$$\frac{k}{n}\,x + \frac{n-k}{n}\,y \geqslant x^{k/n}\,y^{(n-k)/n} \tag{1.13}$$

由于任意实数皆可表示为有理数列的极限, 所以对任何满足 $\alpha > 0,\ \beta > 0,\ \alpha + \beta = 1$ 的实数 $\alpha,\ \beta$, 皆有有理数列 $\alpha_n,\ \beta_n$ 满足

$$\alpha_n \to \alpha, \beta_n \to \beta, \quad n \to +\infty$$

由不等式 (1.13) 有

$$\alpha_n\, x + \beta_n\, y \geqslant x^{\alpha_n}\, y^{\beta_n}$$

从而在上式两端分别取极限得

$$\alpha\, x + \beta\, y \geqslant x^\alpha\, y^\beta \tag{1.14}$$

如果令 $a = x^\alpha \geqslant 0$, $b = y^\beta \geqslant 0$, $p = 1/\alpha$, $q = 1/\beta$, 那么得到 Young 不等式

$$ab \leqslant \frac{a^p}{p} + \frac{b^q}{q}, \quad p > 1,\ \frac{1}{p} + \frac{1}{q} = 1 \tag{1.15}$$

对不全为零的实数组 $x_1,\ x_2,\ \cdots,\ x_n$ 和 $y_1,\ y_2,\ \cdots,\ y_n$, 如果记

$$a_i = \frac{|x_i|}{\left(\displaystyle\sum_{i=1}^n |x_i|^p\right)^{1/p}}, \qquad b_i = \frac{|y_i|}{\left(\displaystyle\sum_{i=1}^n |y_i|^q\right)^{1/q}}$$

其中 $i = 1, 2, \cdots, n$, 那么利用不等式 (1.15) 可得

$$a_i b_i = \frac{|x_i y_i|}{\left(\displaystyle\sum_{i=1}^n |x_i|^p\right)^{1/p}\left(\displaystyle\sum_{i=1}^n |y_i|^q\right)^{1/q}} \leqslant \frac{|x_i|^p}{p\displaystyle\sum_{i=1}^n |x_i|^p} + \frac{|y_i|^q}{q\displaystyle\sum_{i=1}^n |y_i|^q}$$

于是

$$\sum_{i=1}^n a_i b_i = \frac{\displaystyle\sum_{i=1}^n |x_i y_i|}{\left(\displaystyle\sum_{i=1}^n |x_i|^p\right)^{1/p}\left(\displaystyle\sum_{i=1}^n |y_i|^q\right)^{1/q}} \leqslant \frac{1}{p} + \frac{1}{q} = 1$$

从而得到

$$\sum_{i=1}^n |x_i y_i| \leqslant \left(\sum_{i=1}^n |x_i|^p\right)^{1/p}\left(\sum_{i=1}^n |y_i|^q\right)^{1/q} \tag{1.16}$$

这就是著名的 Hölder 不等式. 当 $p = q = 2$ 时, 对应的不等式称为 Cauchy 不等式.

将问题或结论一般化是另一种常见的思考方式. 1.1 节中的结论都有相应的一般形式. 例如, 容易知道不等式 (1.14) 的一般形式如下: 如果 $x_1, x_2, \cdots, x_n \geqslant 0$, $\alpha_1, \alpha_2, \cdots, \alpha_n > 0$, $\alpha_1 + \alpha_2 + \cdots + \alpha_n = 1$, 那么

$$\alpha_1 x_1 + \alpha_2 x_2 + \cdots + \alpha_n x_n \geqslant x_1^{\alpha_1} x_2^{\alpha_2} \cdots x_n^{\alpha_n} \tag{1.17}$$

这实际上也是平均值不等式 (1.6) 的一般化形式, 此时不等式的左端称为加权平均值. 类似地, 也可以写出不等式 (1.15) 的一般形式.

在一个不等式中, 如果能将不等式化为同一个函数在不同点处的函数值之间的比较, 则理解起来会更加容易些.

例如, 在平均值不等式 (1.6) 两边同时取对数 $\ln x$, 则

$$\frac{f(x_1) + f(x_2) + \cdots + f(x_n)}{n} \leqslant f\left(\frac{x_1 + x_2 + \cdots + x_n}{n}\right) \tag{1.18}$$

其中 $f(x) = \ln x$, $x_1, x_2, \cdots, x_n > 0$. 如果令 $x_i = \mathrm{e}^{y_i}$, 那么不等式 (1.12) 也可以表示为如下的形式:

$$\frac{f(y_1) + f(y_2) + \cdots + f(y_n)}{n} \geqslant f\left(\frac{y_1 + y_2 + \cdots + y_n}{n}\right) \tag{1.19}$$

其中 $f(x) = \mathrm{e}^x$.

进一步, 联想到如下三角函数的和差化积公式:

$$\frac{\sin x_1 + \sin x_2}{2} = \sin \frac{x_1 + x_2}{2} \cos \frac{x_1 - x_2}{2}$$

当 $x_1, x_2 \in [0, \pi]$ 时有

$$\frac{\sin x_1 + \sin x_2}{2} \leqslant \sin \frac{x_1 + x_2}{2}$$

可猜想其一般形式为

$$\frac{\sin x_1 + \sin x_2 + \cdots + \sin x_n}{n} \leqslant \sin \frac{x_1 + x_2 + \cdots + x_n}{n} \tag{1.20}$$

也就是说, 当 $f(x) = \sin x$ 且 $x_1, x_2, \cdots, x_n \in [0, \pi]$ 时, 不等式 (1.18) 成立.

三个初等函数 $f(x) = \mathrm{e}^x, \sin x, \ln x$ 是我们非常熟悉的, 观察其图像 (图 1.1), 指数函数是凹函数, 而正弦函数和对数函数是凸函数. 因此, 可以猜想对于凸函数, 不等式 (1.18) 成立; 对于凹函数, 不等式 (1.19) 成立.

事实上, 设 $f(x)$ 是定义在区间 J 上的二阶可导函数. 如果 $f''(x) > 0$ $(x \in J)$, 那么 $f(x)$ 的图像是凹的. 此时, 对任何 $x_0, x \in J$, 由 Taylor 公式, 存在介于 x 和 x_0 之间的 ξ, 使得

$$f(x) = f(x_0) + f'(x_0)(x - x_0) + \frac{f''(\xi)}{2!}(x - x_0)^2 \geqslant f(x_0) + f'(x_0)(x - x_0) \tag{1.21}$$

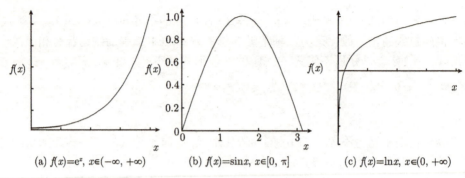

(a) $f(x)=e^x$, $x\in(-\infty, +\infty)$ (b) $f(x)=\sin x$, $x\in[0, \pi]$ (c) $f(x)=\ln x$, $x\in(0, +\infty)$

图 1.1   三个初等函数的图像

如果 $x_1, x_2, \cdots, x_n \in J$ 且取

$$x_0 = \frac{x_1 + x_2 + \cdots + x_n}{n}$$

那么对每个 x_i $(i = 1, 2, \cdots, n)$ 皆有

$$f(x_i) \geqslant f(x_0) + f'(x_0)(x_i - x_0)$$

将这 n 个不等式的两边分别相加即得不等式 (1.19). 同理, 当 $f''(x) < 0$ $(\forall x \in J)$ 时, $f(x)$ 的图像是凸的, 从而不等式 (1.18) 成立.

不等式 (1.19) 和 (1.18) 通常被称为 Jensen 不等式, 其更一般的形式如下: 设有实数 $x_1, x_2, \cdots, x_n \in J$, $\alpha_1, \alpha_2, \cdots, \alpha_n > 0$, $\alpha_1 + \alpha_2 + \cdots + \alpha_n = 1$, 如果 $f''(x) > 0$ $(\forall x \in J)$, 即 $f(x)$ 的图像是凹的, 那么

$$\alpha_1 f(x_1) + \alpha_2 f(x_2) + \cdots + \alpha_n f(x_n) \geqslant f(\alpha_1 x_1 + \alpha_2 x_2 + \cdots + \alpha_n x_n) \quad (1.22)$$

而如果 $f''(x) < 0$ $(\forall x \in J)$, 即 $f(x)$ 的图像是凸的, 那么有

$$\alpha_1 f(x_1) + \alpha_2 f(x_2) + \cdots + \alpha_n f(x_n) \leqslant f(\alpha_1 x_1 + \alpha_2 x_2 + \cdots + \alpha_n x_n) \quad (1.23)$$

平均值不等式是一个重要的不等式, 其证明并不难. 在前面的讨论中, 重点是如何由这个简单的不等式出发, 反复采用特殊化与一般化的思路, 并运用归纳法等思维方法, 得到了多个不同形式的不等式. 这样的思路和方法是深刻理解数学以及导致数学发现的最基本、最有效的途径之一, 值得在数学学习和研究中反复运用, 以获得对数学的深刻理解并作出新的数学发现.

当然, 数学思维方法的内容非常丰富, 本书不打算对其作全面、深入的讨论, 而把重点放在特殊化与一般化、归纳法与类比法的介绍和应用方面. 各章节出现的例题, 多数也可以放在其他章节, 因为任何方法的应用都不是孤立的, 看问题的方式也不是唯一的. 建议读者对本书所涉及的问题尝试从不同的角度来思考, 从而加深对有关思路和方法的理解, 进而获得新的发现.

第 2 章

以简单情形为起点

当代著名的美国数学家 Pólya(1887~1985) 把 "从简单的做起" 当成座右铭, 把一般化、特殊化和类比并列称为 "获得发现的伟大源泉"[1]. 在他写的名著《数学与猜想》中, 提供了大量生动的事例来说明数学家们是如何从简单、特殊的事物的考察中发现普遍的规律并导致数学发现的. 本章将提供更多的例子来阐述特殊化与一般化在数学学习中的应用.

2.1 简单情形预示问题的解决方案和答案

从特殊到一般, 由一般到特殊, 是认识客观世界所遵循的普遍规律. 显然, 如果命题在一般条件下为真, 则它在特殊条件下也为真; 反之, 如果命题在特殊条件下为假, 那么在一般条件下也为假.

一方面, 一般存在于特殊中相对于一般而言, 特殊的个别事物常常是简单的、具体的, 是容易处理的. 另一方面, 一般概括了特殊, 因而一般比特殊更能反映事物的本质. 在一些情况下, 可以将待解决的问题置于更为一般的框架之下, 通过对一般情形的研究而解决个别特殊的情况. 解决数学问题的本质在许多情况下其实就是一般与特殊之间的相互转化. 特殊与一般之间的转化通常表现为由抽象到具体、一般到特殊、化难为易、化繁为简, 并以简单情形作为出发点. 以简单情形作为考察问题的起点的目的之一, 就是要向简单情形寻求启示, 然后找到问题的解决之道. 下面从两个最简单的例子开始, 它们可由几种特殊的简单情况直接获得启示而解决问题.

例 2.1 今有 2009 个人依次由 1 开始编号到 2009 并站成一行, 按 1, 2, 1, 2, ⋯ 依次报数, 报 2 的留下; 再按 1, 2, 1, 2, ⋯ 依次报数, 报 2 的留下; 这样重复进行. 问最后一个留下的人的最初编号是多少?

如果一次一次地按要求做下去, 需要很多次报数的步骤, 不易看出结果. 但如果把人的数字取得更小, 具体操作一番, 就很容易得到结果. 表 2.1 是一些非常简单的情形的结果, 其中 n 表示总人数, m 表示最后一个留下的人的最初编号. 从中可以看出, 当人数为 2^k 时, 最后一个留下的人的最初编号就是 2^k, 而人数介于 2^k 和 2^{k+1} 之间时, 最后一个留下的人的最初编号还是 2^k. 因为 $2^{10} < 2009 < 2^{11}$, 所以这 2009 个人中最后一个留下的人的最初编号是 1024.

表 2.1　原始人数以及最后留下的人的编号

n	2	3	4	5	6	7	8	9	10
m	2	2	4	4	4	4	8	8	8

在这个求解过程中, 从若干简单、特殊、具体的情况出发, 通过观察、分析、比较而归纳出问题的答案, 这种方法称为 (不完全)**归纳法**, 是导致数学发现的最基本、最有效的方法之一. 包括著名的 Goldbach 猜想等许多数学问题就是由大量的观察而归纳出来的.

当然, 这个问题还可以通过稍微抽象一点的思维方式解决. 分析这个淘汰数的过程, 经第一次淘汰后, 剩下的数都是 2 的倍数, 再作一次淘汰后, 剩下的数是 $4(= 2^2)$ 的倍数, 经 k 次淘汰后, 剩下的数是 2^k 的倍数. 由于 $2^{10} < 2009 < 2^{11}$, 故 2009 个人中最后一个留下的人的最初编号是 1024.

例 2.2　今用 n 条直线划分二维平面, 问最多能分成多少份?

对这个问题, 可以有多种简化的途径. 例如, 可以以涉及的直线条数的大小为线索, 数字小而具体的是简单情况. 显然, 当 $n = 1, 2$ 时, 平面分别最多可分成 2, 4 个区域, 而当 $n = 3$ 时, 在前一步的基础上, 需要利用第三条直线来产生最多的区域数, 就应该使这条直线既不能与前两条直线平行, 也没有三线共点的情况发生, 这样最多可以增加三个区域, 即最多可得 7 个区域. 如果知道当 $n = k$ 时最多能划分的区域数 $S_2(k)$, 那么当 $n = k + 1$ 时, 就应该利用第 $k + 1$ 条直线增加 $k + 1$ 个区域, 于是得到一个迭代关系式

$$S_2(k+1) = S_2(k) + k + 1 \tag{2.1}$$

满足初始条件 $S_2(1) = 2$. 因此,

$$\begin{aligned}
S_2(n) &= S_2(n-1) + n = \cdots \\
&= S_2(1) + 2 + 3 + \cdots + n \\
&= 1 + \frac{n(n+1)}{2} = \frac{n^2 + n + 2}{2}
\end{aligned}$$

例 2.3　今有实系数多项式 $f(x)$, 它对任何实系数多项式 $g(x)$ 皆满足等式 $f(g(x)) = g(f(x))$, 求 $f(x)$.

显然, 可以先取一些简单的多项式 $g(x)$ 来考虑, 次数越低的多项式越简单. 特别地, 取 $g(x) = 0$, 那么 $f(0) = 0$. 再取一次多项式 $g(x) = x + h$, 那么等式 $f(g(x)) = g(f(x))$ 化为 $f(x+h) = f(x) + h$, 因此,

$$\frac{f(x+h) - f(x)}{h} = 1, \quad \forall h \neq 0 \tag{2.2}$$

于是 $f'(x) = 1$, 从而 $f(x) = x + c$, 其中 c 为实常数. 利用 $f(0) = 0$ 求得 $c = 0$, 故 $f(x) = x$. 反之, 如果 $f(x) = x$, 则对所有实多项式多项式 $g(x)$ 皆满足等式 $f(g(x)) = g(f(x))$, 所以 $f(x) = x$ 是本题的唯一解.

下面是一道美国大学生数学竞赛题, 对掌握了 "特殊化" 这一思维方法的考生来说, 这也是一道非常简单的考题.

例 2.4　试确定满足下列条件的所有多项式 $p(x)$: $p(0) = 0$ 且对任何 $x \in \mathbb{R}$ 有 $p(x^2 + 1) = p^2(x) + 1$ (第 32 届 Putnam 数学竞赛题, 1971).

该条件是以多项式在不同点处的值之间的联系给出的, 因此, 最好尝试算几个特殊点的函数值. 直接计算有 $p(1) = 1$, $p(2) = 2$, $p(5) = 5$, $p(26) = 26$, $p(677) = 677$, $\cdots$. 这样的等式有无穷多个, 也就是说, 有无穷多个不同的值 $x = 0, 1, 2, 5, 26, 677, \cdots$ 是多项式 $p(x) - x$ 的零点. 由于任何多项式的零点必为有限个, 所有满足题设条件的多项式只有一种可能, 即 $p(x) - x \equiv 0$, 从而 $p(x) = x$.

例 2.5　设函数 $F(x)$ 对所有 $x \in \mathbb{R}$, $x \neq 0, 1$ 都有定义, 并且满足

$$F(x) + F\left(\frac{x-1}{x}\right) = 1 + x \tag{2.3}$$

求符合条件的所有 $F(x)$ (第 32 届 Putnam 数学竞赛题, 1971).

显然, 像例 2.4 那样, 令 x 取一个一个的值来计算出 $F(x)$ 是不现实的. 一种思路是把 $F(x)$ 和 $F\left(\dfrac{x-1}{x}\right)$ 各自看成一个整体, 想办法将它们通过解方程组的形式解出来. 问题是如何得到包含 $F(x)$ 和 $F\left(\dfrac{x-1}{x}\right)$ 的另一个方程. 由于 x 可取不为 0 和 1 的任意实数值, 它当然也可取 $\dfrac{x-1}{x}$ 形式的值, 因此, 在题设条件 (2.3) 中, 将 x 替换为 $\dfrac{x-1}{x}$ 得到

$$F\left(\frac{x-1}{x}\right) + F\left(\frac{-1}{x-1}\right) = \frac{2x-1}{x} \tag{2.4}$$

同样, 在式 (2.3) 中将 x 替换为 $\dfrac{-1}{x-1}$ 得到

$$F\left(\frac{-1}{x-1}\right) + F(x) = \frac{x-2}{x-1} \tag{2.5}$$

消去 $F\left(\dfrac{-1}{x-1}\right)$ 和 $F\left(\dfrac{x-1}{x}\right)$，即式 (2.3)+ 式 (2.5)− 式 (2.4) 得

$$2F(x) = 1 + x + \frac{x-2}{x-1} - \frac{2x-1}{x}$$

从而求得

$$F(x) = \frac{x^3 - x^2 - 1}{2x(x-1)}$$

前面的几个例题中，本质上都是对应于变量或函数取特殊值的情形. 这样的思路需要根据具体问题灵活应对，有时需要精巧的构思.

例 2.6   试求所有满足如下条件的实值连续函数 $f(x)$：

$$\frac{f(x) + f(y)}{f(x) - f(y)} = f\left(\frac{x+y}{x-y}\right) \tag{2.6}$$

首先注意到 $f(x)$ 不能为常数函数. 为了确定该函数，从特殊的情况开始，令 $y = 0$ 得

$$\frac{f(x) + f(0)}{f(x) - f(0)} = f(1)$$

所以

$$(f(1) - 1)f(x) = f(0)(1 + f(1))$$

要使 $f(x)$ 不为常数函数，必须 $f(1) = 1$，$f(0) = 0$. 进一步，$f(2) \neq 0$；否则，$f\left(\dfrac{x+2}{x-2}\right) \equiv 1$，这只能在 $f(x)$ 为常数时成立. 同理，当 $y \neq 0$ 时皆有 $f(y) \neq 0$. 又令 $y = -x \neq 0$，那么

$$f(x) + f(-x) = f(0)(f(x) - f(-x)) = 0$$

因此，$f(x)$ 为奇函数.

为了计算 $f(2)$，将原题条件转化. 例如，

$$\frac{f(x) + f(x-2)}{f(x) - f(x-2)} = f(x-1), \quad \frac{f(x-1) + f(1)}{f(x-1) - f(1)} = f\left(\frac{x}{x-2}\right)$$

将前者代入后者得到

$$f\left(\frac{x}{x-2}\right) = \frac{f(x)}{f(x-2)}$$

于是

$$f(x) = \frac{f(x-1) + 1}{f(x-1) - 1}f(x-2)$$

特别地，有

10

$$f(2) = \frac{f(4)}{f(2)}, \quad f(3) = \frac{f(2)+1}{f(2)-1}$$

$$f(5) = \frac{f(4)+1}{f(4)-1}f(3) = \frac{f(2)^2+1}{(f(2)-1)^2}$$

另外, 由定义式有

$$f(5) = \frac{f(3)+f(2)}{f(3)-f(2)} = \frac{f(2)^2+1}{1+2f(2)-f^2(2)}$$

故有 $(f(2)-1)^2 = 1 + 2f(2) - f^2(2)$, 从而 $f^2(2) = 2f(2)$, 即 $f(2) = 2$. 于是 $f(4) = 4, f(3) = 3, f(5) = 5$, 因而猜想: 对任何自然数 n 都有 $f(n) = n$.

事实上, 假设对 $n = 0, 1, 2, \cdots, k$ 都有 $f(k) = k$, 那么

$$f(k+1) = \frac{f(k)+1}{f(k)-1}f(k-1) = \frac{k+1}{k-1}(k-1) = k+1$$

由数学归纳法可知, $f(x) = x$ 对所有整数都成立.

现在, 取 $y = xz\,(z \neq 1)$, 那么

$$\frac{f(x)+f(xz)}{f(x)-f(xz)} = f\left(\frac{x+xz}{x-xz}\right) = f\left(\frac{1+z}{1-z}\right) = \frac{1+f(z)}{1-f(z)}$$

所以 $f(xz) = f(x)f(z)$. 特别地, 取 $z = 1/x\,(x \neq 0)$, 那么

$$f\left(\frac{1}{x}\right) = \frac{1}{f(x)}$$

因此, 对任何有理数 $x = p/q\,(p, q \in \mathbb{Z}, q \neq 0)$ 有

$$f(x) = f\left(\frac{p}{q}\right) = f\left(p \cdot \frac{1}{q}\right) = f(p)f\left(\frac{1}{q}\right) = \frac{f(p)}{f(q)} = \frac{p}{q} = x$$

这表明 $f(x) = x$ 对所有有理数都成立. 由于任何实数都是某个有理数列的极限, 因而 $f(x) = x$ 对所有实数也都成立.

在例 2.6 验证 $f(x) = x$ 的分析中, 首先考虑 x 为整数的情况, 然后又考虑了 x 为有理数的情况, 最后讨论了 x 为实数的情况. 这一过程从特殊到一般, 从简单到复杂, 从一种最简单的情形开始检验, 然后逐步扩大探索范围, 而在每一步的检验中, 又总是以前一步的推理和结论为基础, 像爬坡一样, 一步一步地克服难点而达到解决问题的目的. 这种思路称为**逐步逼近目标法**(也称为**爬坡式推理**)[2], 是处理数学问题时常用的一种做法.

以简单情形为起点来思考问题, 关键是要找到足够简单而又富有启发意义的简单情形. 从运算的角度来看, 四则运算是简单的; 从函数或方程的角度来看, 线性的是简单的, 初等函数是简单的.

例 2.7 设 $f(x) \geqslant 0$ 是区间 $[a,b]$ 上的连续函数, 计算

$$\lim_{n \to +\infty} \left(\int_a^b f^n(x) \mathrm{d}x \right)^{1/n}$$

为简单起见, 设 $b > a > 0$. 从简单的做起. 如果 $f(x) = c$ (其中 c 为常数), 则

$$\lim_{n \to +\infty} \left(\int_a^b c^n \mathrm{d}x \right)^{1/n} = c \cdot \lim_{n \to +\infty} (b-a)^{1/n} = c$$

看不出什么规律, 再算! 设 $f(x) = x$, 则

$$\lim_{n \to +\infty} \left(\int_a^b x^n \mathrm{d}x \right)^{1/n} = b \cdot \lim_{n \to +\infty} \left(\frac{1}{n+1} \left(1 - \left(\frac{a}{b} \right)^{n+1} \right) \right)^{1/n} = b$$

继续算! 取 $f(x) = x^2$, 则

$$\lim_{n \to +\infty} \left(\int_a^b x^{2n} \mathrm{d}x \right)^{1/n} = b \cdot \lim_{n \to +\infty} \left(\frac{1}{2n+1} \left(1 - \left(\frac{a}{b} \right)^{2n+1} \right) \right)^{1/n} = b^2$$

结果只与端点处的值有关. 再算一个. 取 $f(x) = 1/x$, 那么

$$\lim_{n \to +\infty} \left(\int_a^b x^{-n} \mathrm{d}x \right)^{1/n} = \lim_{n \to +\infty} a^{(1-n)/n} \left(\frac{1}{-n+1} \left(1 - \left(\frac{b}{a} \right)^{-n+1} \right) \right)^{1/n} = \frac{1}{a}$$

注意: 上面取的函数都是单调函数, 积分值对应于该函数在区间上的最大值. 因此, 猜想所求极限就是 $f(x)$ 在此区间内的最大值, 即

$$\lim_{n \to +\infty} \left(\int_a^b f^n(x) \mathrm{d}x \right)^{1/n} = \max_{a \leqslant x \leqslant b} f(x) \tag{2.7}$$

下面证明这一猜想. 由连续性, 存在 $x_0 \in [a,b]$, 使得

$$f(x_0) = \max_{a \leqslant x \leqslant b} f(x)$$

这样对任何 $\varepsilon > 0$, 存在 $\delta > 0$, 使得当 $x \in (x_0 - \delta, x_0 + \delta) \cap [a,b]$ 时有

$$f(x_0) - \varepsilon \leqslant f(x) \leqslant f(x_0)$$

从而利用被积函数的非负性, 若 $x_0 = a$ 或 $x_0 = b$, 则有

$$(f(x_0) - \varepsilon) \delta^{1/n} \leqslant \left(\int_a^b f^n(x) \mathrm{d}x \right)^{1/n} \leqslant f(x_0)(b-a)^{1/n}$$

而当 $x_0 \in (a, b)$ 时, 则有

$$(f(x_0) - \varepsilon)(2\delta)^{1/n} \leqslant \left(\int_a^b f^n(x)\mathrm{d}x \right)^{1/n} \leqslant f(x_0)(b-a)^{1/n}$$

对上式取极限得

$$f(x_0) - \varepsilon \leqslant \lim_{n \to +\infty} \left(\int_a^b f^n(x)\mathrm{d}x \right)^{1/n} \leqslant f(x_0)$$

由 ε 的任意性可知, 等式 (2.7) 成立.

例 2.8　设 $p(x), q(x)$ 为定义在 $x \in \mathbb{R}$ 上的连续函数, 求解如下一阶线性常微分方程:

$$y' + p(x)y = q(x)$$

这里的困难是由于 $q(x)$ 的存在而引起的, 因此, 先考虑简单情形 $q(x) \equiv 0$. 此时, 方程是一个可分离变量的方程, 其解可以由直接积分求得, 通解为

$$y = c \exp \left(- \int p(x)\mathrm{d}x \right)$$

其中 c 为任意常数. 当 $q(x) \neq 0$ 时, 教科书上通常介绍常数变易法, 即将上述通解中的常数 c 换成函数 $c(x)$, 而将原方程的解设为

$$y = c(x) \exp \left(- \int p(x)\mathrm{d}x \right)$$

的形式, 然后将其代入原方程, 化简后得到关于 $c(x)$ 的一阶微分方程

$$c'(x) = q(x) \exp \left(\int p(x)\mathrm{d}x \right)$$

直接积分求出 $c(x)$, 从而得到原非齐次方程的解. 问题是为什么可以这样设解呢?

其实, 可以换一种思路来考察已经解决好的简单情形的方法和结论. 相应齐次方程的通解满足 $y \exp \left(\int p(x)\mathrm{d}x \right) = c$, 其等价形式为

$$(y' + p(x)y) \cdot \exp \left(\int p(x)\mathrm{d}x \right) = 0$$

这个回推过程启发我们可在原方程的两边同时乘以一个非零因子 (称为积分因子), 从而得到

$$(y' + p(x)y) \cdot \exp \left(\int p(x)\mathrm{d}x \right) = q(x) \cdot \exp \left(\int p(x)\mathrm{d}x \right)$$

即

$$\frac{\mathrm{d}}{\mathrm{d}x} \left(y \exp \left(\int p(x)\mathrm{d}x \right) \right) = q(x) \cdot \exp \left(\int p(x)\mathrm{d}x \right)$$

两边求积分即得原方程的通解为

$$y = \exp\left(-\int p(x)\mathrm{d}x\right)\left(c + \int q(x)\exp\left(\int p(x)\mathrm{d}x\right)\mathrm{d}x\right)$$

类似地, 如果 $q(x, y)$ 为连续函数, 则可将微分方程

$$y' + p(x)y = q(x, y)$$

转化为一个积分方程来讨论. 具体细节留给读者完成.

例 2.9 求解 Euler 方程

$$x^n y^{(n)} + a_1 x^{n-1} y^{(n-1)} + \cdots + a_{n-1} xy' + a_n y = 0$$

其中各系数 a_i 为常数.

对常系数常微分方程, 可以采用特征根法、Laplace 变换法等方法来求解. 现在的 Euler 方程是变系数的, 这些方法不能直接应用.

还是从简单的做起. 首先考察 $n = 1$ 的情形, 此时微分方程退化为可分离变量方程

$$xy' + a_1 y = 0$$

容易求得其解为 $y = cx^{-a_1}$, 其中 c 为任意常数.

增加阶数所得的方程都是变系数的, 难以看出应该归入哪个可求解方程的类型, 但仍然可以采用特殊化的思路, 如考察特殊的二阶方程

$$x^2 y'' + a_1 xy' = 0$$

这时可以利用变换 $y' = p$ 将二阶方程化为关于函数 $p(x)$ 的一阶线性方程 $xp' + a_1 p = 0$, 求解得 $p = c_1 x^{-a_1}$, 进而得到原二阶微分方程的解为

$$y = \frac{c_1}{-a_1 + 1} x^{-a_1+1} + c_2 = \frac{c_1}{-a_1 + 1} \cdot x^{-a_1+1} + c_2 \cdot 1$$

其中的两个特解 x^{-a_1+1}, 1 都具有 x^λ 的形式. 这个结论对其他类似的高阶方程也是对的. 因此, 不妨大胆地猜想一下: 在高阶方程情形下, 方程的解具有形式 cx^λ, 其中 λ 为待定常数. 猜想对不对呢, 下面检验一下.

将 $y = cx^\lambda$ 代入 $x^2 y'' + a_1 xy' + a_2 y = 0$ 得到 λ 应该满足的代数方程为

$$\lambda^2 + (a_1 - 1)\lambda + a_2 = 0$$

只要系数给定, 就可以求出方程的两个根, 从而得到二阶 Euler 方程的两个特解, 其线性组合即为通解. 同样, 将 $y = cx^\lambda$ 代入 $x^3 y''' + a_1 x^2 y'' + a_2 xy' + a_3 y = 0$ 得到

$$\lambda^3 + (a_1 - 3)\lambda^2 + (-a_1 + a_2 + 2)\lambda + a_3 = 0$$

解这个三次方程即可得三阶 Euler 方程的通解. 有这些情况作支持, 有理由相信前面作出的猜想在一般情形下是对的.

Euler 方程的解具有形式 $y = cx^\lambda$, 其中常数 λ 满足一个确定的代数方程, 这和常系数常微分方程的情形类似. 因此, 又可以猜想: 通过适当的变换, 可以把 Euler 方程化为常系数的微分方程. 怎么变换呢?

将方程的解 $y = cx^\lambda$ 和常微分方程的解的形式作比较, 启发我们作变形 $y = cx^\lambda = ce^{\lambda \ln x}$, 从而可尝试作变量代换

$$\ln x = t \Longleftrightarrow x = e^t$$

下面来检验一下. 令 $x = e^t$, 那么

$$y' = \frac{dy}{dx} = \frac{dy}{dt} \cdot \frac{dt}{dx} = \frac{1}{x} \cdot \frac{dy}{dt}$$

$$y'' = \frac{d}{dx}\left(\frac{1}{x} \cdot \frac{dy}{dt}\right) = -\frac{1}{x^2} \cdot \frac{dy}{dt} + \frac{1}{x^2} \cdot \frac{d^2y}{dt^2}$$

这样二阶 Euler 方程 $x^2 y'' + a_1 xy' + a_2 y = 0$ 化为常系数微分方程

$$\frac{d^2y}{dt^2} + (a_1 - 1)\frac{dy}{dt} + a_2 y = 0$$

在一般情形下, 利用数学归纳法可以证明, 对每个自然数 i, $x^i y^{(i)}$ 皆可表示为 y 关于 t 的直到 i 阶导数的各阶导数的线性组合, 从而 Euler 方程的确可以化为常系数微分方程.

习题 1　半径为 r 的圆和球有如表 2.2 所示的结论.

表 2.2　几种典型的几何量关系

圆	面积 $A = \pi r^2$	周长 $l = 2\pi r$	$\dfrac{dA}{dr} = l$
球	体积 $V = \dfrac{4}{3}\pi r^3$	表面积 $S = 4\pi r^2$	$\dfrac{dV}{dr} = S$

想象一下, 如果有一个半径为 r 的 4 维 "球", 其 "体积" 与 "表面积" 如何定义? 它们之间是否有类似的导数关系? 这个结论在 n 维空间都成立吗?

习题 2　当 n 是自然数时, $\cos(n\theta)$ 可仅用 $\cos\theta$ 表示. 试检验这一结论, 并找出 $\cos(n\theta)$ 与 $\cos\theta$ 之间的函数关系.

习题 3　是否存在定义在非负整数集合且取值也为非负整数的函数 $f(n)$ 满足如下条件: 对任何奇数 m 和任何非负整数 n, 成立 $f(f(n)) = n + m$.

习题 4　设 a, b, c 为正数, $n \in \mathbb{N}$, $p, q, r \geqslant 0$ 且 $p + q + r = n$, 证明

$$a^n + b^n + c^n \geqslant a^p b^q c^r + a^q b^r c^p + a^r b^p c^q$$

2.2　简单情形揭示问题的本质关系

前面的例子充分说明深入研究不平凡的简单情形在导致数学发现时起着基本的作用. 可以说, 没有对简单情形的深入细致的观察和分析, 就不可能有深刻的数学发现. 对简单情形所发现的特征常常就是问题的本质特征. 例如, 要验证两个 n 次多项式 $f(x)$ 和 $g(x)$ 是否全等, 只需要检验在 $n+1$ 个不同的特殊点处的值是否相等即可, 因为 $f(x) - g(x)$ 是一个次数不超过 n 的多项式, 其零点不会超过 n 个. 另外, 在第 1 章中已经看到, 两个正数的平均值不等式即决定了多个正数的平均值不等式.

例 2.10　设有正数 a_i, b_i $(i = 1, 2, \cdots, n)$, 证明 Minkowski 不等式

$$(a_1 a_2 \cdots a_n)^{1/n} + (b_1 b_2 \cdots b_n)^{1/n} \leqslant ((a_1 + b_1)(a_2 + b_2) \cdots (a_n + b_n))^{1/n} \qquad (2.8)$$

当 $n = 1$ 时, 命题不证自明. 当 $n = 2$ 时, 命题简化为

$$(a_1 a_2)^{1/2} + (b_1 b_2)^{1/2} \leqslant ((a_1 + b_1)(a_2 + b_2))^{1/2}$$

利用两边平方、变形等可知, 其等价形式是

$$\left((a_1 b_2)^{1/2} - (a_2 b_1)^{1/2} \right)^2 \geqslant 0$$

这是显然成立的一个不等式. 对这样一个与自然数有关的命题, 可用数学归纳法证明, 具体步骤略去. 这里更关心对已证明过的当 $n = 2$ 时的结论作更深入的探讨. 由此可以直接得到什么结论? 回忆平均值不等式的证明方法和过程, 易知 Minkowski 不等式对 $n = 4$ 也是对的, 即

$$
\begin{aligned}
&((a_1 + b_1)(a_2 + b_2)(a_3 + b_3)(a_4 + b_4))^{1/4} \\
&= \left(((a_1 + b_1)(a_2 + b_2))^{1/2} ((a_3 + b_3)(a_4 + b_4))^{1/2} \right)^{1/2} \\
&\geqslant \left(((a_1 a_2)^{1/2} + (b_1 b_2)^{1/2})((a_3 a_4)^{1/2} + (b_3 b_4)^{1/2}) \right)^{1/2} \\
&\geqslant (a_1 a_2 a_3 a_4)^{1/4} + (b_1 b_2 b_3 b_4)^{1/4}
\end{aligned}
$$

进一步可知, 命题对任何 $n = 2^k$ 都是对的.

假设 Minkowski 不等式对 $n = k + 1$ 时成立, 即

$$
\begin{aligned}
&((a_1 + b_1)(a_2 + b_2) \cdots (a_{k+1} + b_{k+1}))^{1/(k+1)} \\
&\geqslant (a_1 a_2 \cdots a_{k+1})^{1/(k+1)} + (b_1 b_2 \cdots b_{k+1})^{1/(k+1)}
\end{aligned}
$$

那么当 $n = k$ 时, 令

$$a_{k+1} = (a_1 a_2 \cdots a_k)^{1/k}, \quad b_{k+1} = (b_1 b_2 \cdots b_k)^{1/k}$$

那么

$$((a_1 + b_1)(a_2 + b_2) \cdots (a_{k+1} + b_{k+1}))^{1/(k+1)}$$
$$\geqslant (a_1 a_2 \cdots a_{k+1})^{1/(k+1)} + (b_1 b_2 \cdots b_{k+1})^{1/(k+1)}$$
$$= (a_1 a_2 \cdots a_k)^{1/k} + (b_1 b_2 \cdots b_k)^{1/k} = a_{k+1} + b_{k+1}$$

经过简单变形可知即得

$$((a_1 + b_1)(a_2 + b_2) \cdots (a_k + b_k))^{1/k}$$
$$\geqslant (a_1 a_2 \cdots a_k)^{1/k} + (b_1 b_2 \cdots b_k)^{1/k}$$

既然 Minkowski 不等式对 $n = 2^k$ 都成立, 则对 $n = 3(= 4 - 1)$, $7(= 8 - 1)$, $6(= 7 - 1)$, $5(= 6 - 1)$, $\cdots$ 也成立, 从而对任何自然数, 命题也正确.

在这里, 对退化后的简单情形的证明是原命题证明的关键.

例 2.11 有一个正整数 n, 以 7, 11, 13 为除数得到的余数分别是 3, 4, 8, 问此数 n 是多少? (来自韩信点兵问题)

首先注意到这个问题的答案有无穷多个, 任意两个答案的差是整数 $7 \times 11 \times 13 = 1001$ 的倍数. 被多个数除同时存在非零余数的整数不易确定, 但同时被多个数整除而只被某一个数除有余数的问题很容易解决. 因此, 考察几种特殊的简单情况: 一个数 x_1 被 11, 13 整除, 但被 7 除余 3. 这时

$$x_1 = 11 \times 13 = 143$$

即满足条件. 类似地, 如果一个数 x_2 被 13, 7 整除, 但被 11 除余 4, 则这时有

$$x_2 = 13 \times 7 y_2 = 91 y_2$$

为了使其被 11 除余 4, 最小的 y_2 是 5, 因此, 可取 $x_2 = 455$. 如果一个数 x_3 被 7, 11 整除, 但被 13 除余 8, 则这时有

$$x_3 = 11 \times 7 y_3 = 77 y_3$$

为了使其被 13 除余 8, 最小的 y_3 是 5, 因此, 可取 $x_3 = 385$.

利用 x_1, x_2, x_3, 容易构造整数满足要求的整数 n. 例如, 整数

$$n = x_1 + x_2 + x_3 = 983$$

即是满足条件的最小正整数, 此数加上 1001 的整数倍都符合条件. 历史上, 对应于韩信点兵的问题, 士兵人数在 2000 人左右, 因而答案是 1984.

其实, 这个思想在数学其他问题的求解中也用到. 例如, 函数插值问题. 函数 $f(x)$ 定义在某区间内, 取定义域内的 $n+1$ 个不同点 $x_0, x_1, \cdots, x_n$, 求一个 n 次多项式 $p_n(x)$ 满足

$$p_n(x_i) = y_i := f(x_i), \quad i = 0, 1, 2, \cdots, n$$

事实上, 如果能求出 n 次多项式 $f_0(x), f_1(x), \cdots, f_n(x)$ 满足

$$f_i(x_j) = \begin{cases} y_i, & j = i \\ 0, & j \neq i \end{cases}$$

那么有

$$p_n(x) = f_0(x) + f_1(x) + \cdots + f_n(x)$$

由条件 $f_i(x_j) = 0 \, (j \neq i)$ 可知, $f_i(x)$ 必具有形式

$$f_i(x) = c_i \prod_{0 \leqslant j \leqslant n, \, j \neq i} (x - x_j)$$

其中 c_i 为常数, 由 $f_i(x_i) = y_i$ 确定为

$$c_i = \frac{y_i}{\displaystyle\prod_{0 \leqslant j \leqslant n, \, j \neq i} (x_i - x_j)}$$

于是有

$$p_n(x) = \sum_{i=0}^{n} \left(f(x_i) \prod_{0 \leqslant j \leqslant n, \, j \neq i} \frac{x - x_j}{x_i - x_j} \right) \tag{2.9}$$

这就是著名的 Lagrange 插值公式.

例 2.12(代数基本定理) 复数域上的 n 次代数方程

$$f(z) := z^n + a_1 z^{n-1} + \cdots + a_{n-1} z + a_n = 0, \quad a_i \in \mathbb{C} \tag{2.10}$$

必定恰有 n 个解.

如果 $f(z) = 0$ 有解 z_1, 则意味着 $f(z)$ 有因式 $z - z_1$. 因此, 代数基本定理说的是存在 n 个复数 $z_1, z_2, \cdots, z_n$, 使得

$$f(z) = (z - z_1)(z - z_2) \cdots (z - z_n)$$

代数基本定理的证明方法有多种, 最简洁的证法是利用整函数的性质. 证明如下:

如果方程 $f(z) = 0$ 无解, 则 $g(z) = \dfrac{1}{f(z)}$ 为整函数 (即在复平面上任意一点的小邻域内都是可微的), 并且当 $|z| \to +\infty$ 时, $g(z) \to 0$, 因而 $g(z)$ 还是有界函数. 由 Liouville 定理, 有界的整函数必是常数. 对 $g(z)$ 来说, 这是不可能的. 这样存在 z_1, 使得 $f(z) = (z - z_1)f_1(z)$. 然后对 $n - 1$ 次多项式 $f_1(z)$ 应用同样的推理可知, 其有根 z_2 (等价地有因式 $z - z_2$), 重复这样的推理可知, 多项式 $f(z)$ 有 n 个根.

另一种简单证法是利用 Rouché 定理. 记 $g(z) = z^n$, $h(z) = f(z) - g(z)$, 那么当 $|z| > 1$ 时有

$$|h(z)| \leqslant (|a_1| + |a_2| + \cdots + |a_n|)|z|^{n-1}$$

取一闭轨线

$$C: \quad |z| = R, \quad R > \max\{1, |a_1| + |a_2| + \cdots + |a_n|\}$$

那么在 C 上满足

$$|h(z)| < R^n = |g(z)|$$

由 Rouché 定理知, $f(z) = h(z) + g(z)$ 和 $g(z)$ 在 C 内的根的个数是相同的, 即有 n 个根.

显然, 从理解的角度来看, 后一种证法更好, 因为它证明了一个复杂多项式 $f(z)$ 根的个数和一个简单多项式 $g(z)$ 的根的个数相同. 这个思想还可以直观化[3]. 先看一个简单的三次方程 $f(z) = z^3 - 1 = 0$. 采用复数的极坐标形式, 令

$$z = re^{i\varphi} = r(\cos\varphi + i\sin\varphi), \quad f(z) = u(r,\varphi) + iv(r,\varphi)$$

那么 $f(z) = 0$ 当且仅当 $u = 0$, $v = 0$. 显然,

$$u = r^3\cos(3\varphi) - 1, \quad v = r^3\sin(3\varphi)$$

如图 2.1(a) 所示, $v = 0$ 由三条直线构成: $\varphi = 0$, $\varphi = \dfrac{\pi}{3}$ 和 $\varphi = \dfrac{2\pi}{3}$, 而 $u = 0$ 是三条双曲线状的曲线, 则三条直线和三条曲线相交于三个点, 因而 $f(z) = z^3 - 1$ 正好有三个解.

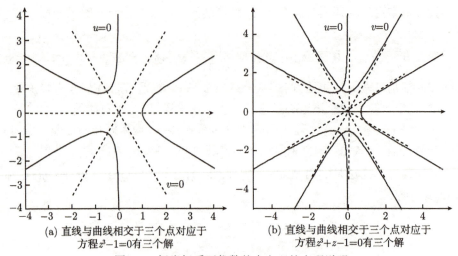

(a) 直线与曲线相交于三个点对应于
方程 $z^3 - 1 = 0$ 有三个解

(b) 直线与曲线相交于三个点对应于
方程 $z^3 + z - 1 = 0$ 有三个解

图 2.1 极坐标系下代数基本定理的直观说明

图 (b) 中的虚线表示 $u = 0$ 和 $v = 0$ 给出的曲线的渐近线

对 n 次多项式, 仍然记 $f(z) = u(r, \varphi) + \mathrm{i}v(r, \varphi)$, 并考察 $|z| = r$ 很大的情形. 此时, $f(z) \approx z^n = r^n(\cos(n\varphi) + \mathrm{i}\sin(n\varphi))$. 因此,

$$f(z) = 0 \Longleftrightarrow r^n \cos(n\varphi) \approx 0, \quad r^n \sin(n\varphi) \approx 0$$

此时, 曲线 $u = 0$ 和 $v = 0$ 在远离原点处的走向由

$$\cos(n\varphi) = 0, \quad \sin(n\varphi) = 0$$

近似地给出, 即 $u = 0$ 和 $v = 0$ 的曲线以 $\cos(n\varphi) = 0$ 和 $\sin(n\varphi) = 0$ 确定的直线为渐近线. 如图 2.1(b) 所示, 对三次方程 $z^3 + z - 1 = 0$, 由于 $\cos(n\varphi) = 0$ 和 $\sin(n\varphi) = 0$ 确定的直线交替出现, 从而 $u = 0$ 和 $v = 0$ 的三组曲线也各自交替出现, 因而必然在某处相交, 即方程有三个解. 一般地, n 次方程有 n 个解.

例 2.13 设 $f_1(x_1)$, $f_2(x_1, x_2)$, $\cdots$, $f_n(x_1, x_2, \cdots, x_n)$ 是一列实函数, 具有如下性质:

(1) 对每个正整数 n 及每对实数 t, y 都有

$$f_n(tx_1 + y, tx_2 + y, \cdots, tx_n + y) = tf(x_1, x_2, \cdots, x_n) + y$$

(2) 对每个正整数 n 及 n 个实数 $x_1, x_2, \cdots, x_n$ 的任意一个排列 $x_{i_1}, x_{i_2}, \cdots, x_{i_n}$ 都有

$$f_n(x_{i_1}, x_{i_2}, \cdots, x_{i_n}) = f_n(x_1, x_2, \cdots, x_n)$$

(3) 对每个正整数 $n > 1$ 都有

$$f_n(x_1, x_2, \cdots, x_n) = f_n(f_{n-1}(x_1, x_2, \cdots, x_{n-1}), \cdots, f_{n-1}(x_1, x_2, \cdots, x_{n-1}), x_n)$$

证明对一切正整数 n 都有

$$f_n(x_1, x_2, \cdots, x_n) = \overline{X}_{(n)} := \frac{x_1 + x_2 + \cdots + x_n}{n}$$

(第 20 届 Putnam 数学竞赛题, 1959)

这一结论在 $n = 1$ 时显然成立, 即

$$f_1(x_1) = f_1(0 \times 1 + x_1) = 0 \times f(1) + x_1 = \overline{X}_{(1)}$$

在一般情形下, 利用性质 (1) 得到

$$f_n(x_1, x_2, \cdots, x_n) = f_n(x_1 - \overline{X}_{(n)}, x_2 - \overline{X}_{(n)}, \cdots, x_n - \overline{X}_{(n)}) + \overline{X}_{(n)}$$

因此, 要证明的命题转化为

$$f_n(x_1 - \overline{X}_{(n)}, x_2 - \overline{X}_{(n)}, \cdots, x_n - \overline{X}_{(n)}) = 0$$

自然地想到数学归纳法, 但从 k 到 $k+1$ 这一步很不好下手. 可先考虑简单的情形, 从中积累经验寻找启示.

当 $n = 2$ 时, 由于 $x_1 - \overline{X}_{(2)} = -(x_2 - \overline{X}_{(2)}) = (x_1 - x_2)/2$, 所以

$$f_2(x_1 - \overline{X}_{(2)}, x_2 - \overline{X}_{(1)}) = (x_1 - \overline{X}_{(2)})f_2(1, -1)$$

只需证明 $f_2(1, -1) = 0$ 即可. 事实上, 利用性质 (2) 有 $f_2(1, -1) = f_2(-1, 1)$. 利用性质 (1) 又有 $f_2(1, -1) = -f_2(-1, 1)$. 因此, $f_2(1, -1) = 0$. 这表明当 $n = 2$ 时, 结论成立.

当 $n = 3$ 时, 利用性质 (3) 和当 $n = 2$ 时的结论有

$$f_3(x_1 - \overline{X}_{(3)}, x_2 - \overline{X}_{(3)}, x_3 - \overline{X}_{(3)})$$
$$= f_3(f_2(x_1 - \overline{X}_{(3)}, x_2 - \overline{X}_{(3)}), f_2(x_1 - \overline{X}_{(3)}, x_2 - \overline{X}_{(3)}), x_3 - \overline{X}_{(3)})$$
$$= f_3(\overline{X}_{(2)} - \overline{X}_{(3)}, \overline{X}_{(2)} - \overline{X}_{(3)}, x_3 - \overline{X}_{(3)})$$

问题归结为证明 $f_3(\overline{X}_{(2)} - \overline{X}_{(3)}, \overline{X}_{(2)} - \overline{X}_{(3)}, x_3 - \overline{X}_{(3)}) = 0$. 注意到

$$2(\overline{X}_{(2)} - \overline{X}_{(3)}) + x_3 - \overline{X}_{(3)} = x_1 + x_2 + x_3 - 3\overline{X}_{(3)} = 0$$
$$\overline{X}_{(2)} - \overline{X}_{(3)} = f_2(2(\overline{X}_{(2)} - \overline{X}_{(3)}), 0)$$

所以再次由性质 (3) 得到

$$f_3(x_1 - \overline{X}_{(3)}, x_2 - \overline{X}_{(3)}, x_3 - \overline{X}_{(3)})$$
$$= f_3(f_2(2(\overline{X}_{(2)} - \overline{X}_{(3)}), 0), f_2(2(\overline{X}_{(2)} - \overline{X}_{(3)}), 0), x_3 - \overline{X}_{(3)})$$
$$= f_3(2(\overline{X}_{(2)} - \overline{X}_{(3)}), 0, x_3 - \overline{X}_{(3)})$$
$$= 2(\overline{X}_{(2)} - \overline{X}_{(3)})f_3(1, 0, -1)$$

因此, 问题又归结为证明 $f_3(1, 0, -1) = 0$.

和证明 $n = 2$ 时类似, 由性质 (1) 和性质 (2) 有

$$f_3(1, 0, -1) = f_3(-1, 0, 1), \quad f_3(1, 0, -1) = -f_3(-1, 0, 1)$$

因此, 必有 $f_3(1, 0, -1) = 0$.

有了上面处理当 $n = 2, 3$ 时两种简单情况的经验, 容易想到实现从 k 到 $k + 1$ 这一步的关键之一是利用性质 (1) 和性质 (2) 得到

$$f_{k+1}(1, 0, \cdots, 0, -1) = f_{k+1}(-1, 0, \cdots, 0, 1)$$

$$f_{k+1}(1, 0, \cdots, 0, -1) = -f_{k+1}(-1, 0, \cdots, 0, 1)$$

从而证明结论

$$f_{k+1}(1, 0, \cdots, 0, -1) = 0$$

另一个关键步骤是利用

$$k(\overline{X}_{(k)} - \overline{X}_{(k+1)}) + x_{k+1} - \overline{X}_{(k+1)} = 0$$

来反向运用性质 (3), 得到

$$\overline{X}_{(k)} - \overline{X}_{(k+1)} = f_k(k(\overline{X}_{(k)} - \overline{X}_{(k+1)}), 0, \cdots, 0)$$

事实上, 假设当 $n = k$ 时, 命题正确, 即

$$f_k(x_1, x_2, \cdots, x_k) = \overline{X}_{(k)} := \frac{x_1 + x_2 + \cdots + x_k}{k}$$

那么有

$$f_{k+1}(x_1 - \overline{X}_{(k+1)}, x_2 - \overline{X}_{(k+1)}, \cdots, x_{k+1} - \overline{X}_{(k+1)})$$
$$= f_{k+1}(f_k(x_1 - \overline{X}_{(k+1)}, x_2 - \overline{X}_{(k+1)}, \cdots, x_k - \overline{X}_{(k+1)}), \cdots,$$
$$\quad f_k(x_1 - \overline{X}_{(k+1)}, x_2 - \overline{X}_{(k+1)}, \cdots, x_k - \overline{X}_{(k+1)}), x_{k+1} - \overline{X}_{(k+1)})$$
$$= f_{k+1}(\overline{X}_{(k)} - \overline{X}_{(k+1)}, \overline{X}_{(k)} - \overline{X}_{(k+1)}, \cdots, \overline{X}_{(k)} - \overline{X}_{(k+1)}, x_{k+1} - \overline{X}_{(k+1)})$$
$$= f_{k+1}(f_k(k(\overline{X}_{(k)} - \overline{X}_{(k+1)}), 0, \cdots, 0), \cdots, f_k(k(\overline{X}_{(k)} - \overline{X}_{(k+1)}), 0, \cdots, 0),$$
$$\quad x_{k+1} - \overline{X}_{(k+1)})$$
$$= f_{k+1}(k(\overline{X}_{(k)} - \overline{X}_{(k+1)}), 0, \cdots, 0, x_{k+1} - \overline{X}_{(k+1)})$$
$$= k(\overline{X}_{(k)} - \overline{X}_{(k+1)}) f_{k+1}(1, 0, \cdots, 0, -1)$$
$$= 0$$

由**数学归纳法**, 命题得到证明.

从上面的证明过程可以看出, $n = 1$ 的情形过于简单, 其中没有多少重要信息, 而处理 $n = 2, 3$ 两种简单情况则不一样, 它往往是处理 k 到 $k + 1$ 的一个缩影, 其中包含的信息和处理经验能够实现从对 k 到 $k + 1$ 的过渡.

2.3　检　验　猜　想

研究简单情形在检验数学猜想时具有重要意义, 一个反例即可否定一个猜想.

Fermat(1601~1665) 是法国的一位律师, 但他终生爱好数学研究, 在数学上有一定的贡献. 他提出的 Fermat 大猜想经过 300 多年众多数学家不懈的努力才由美国 Princeton 大学的英国籍数学家 Wiles(1953~) 于 1995 年获得完全解决. 为了解决这一猜想, 数学家们发展了许多新的数学理论和工具, 因而可以说, Fermat 大猜想促进了数学学科的发展. Fermat 还有一个不太有名的猜想. 他研究了形如

$$f(n) = 2^{2^n} + 1$$

的整数, 直接计算可知 $f(0) = 3$, $f(1) = 5$, $f(2) = 17$, $f(3) = 257$, $f(4) = 65537$, 这些数都是素数, 于是他于 1640 年提出了如下猜测 (俗称为 Fermat 小猜想): 对任何非负整数 n, $f(n)$ 皆为素数. 这一猜想对不对呢? 算一算就可以知道了.

$$2^{2^5} + 1 = 641 \times 6700417$$

这个结果看起来似乎一点也不复杂, 但实际上却是过了将近 100 年, 即 1732 年, 才由瑞士数学家 Euler(1707~1783) 得到这个结果. 由此可见, 对未知世界的探索是多么的艰难. 利用计算机还可以知道, $f(6)$ 也是一个合数, 再进一步的检验就很不容易了, 但这些结果已足够否定 Fermat 小猜想.

例 2.14　Steeb-Villet 猜想: 设 A, B 为 n 阶实对称矩阵, $p > 1$, $1/p + 1/q = 1$. 记 $\text{Tr}(A)$ 为矩阵的迹, 即对角线上元素的和, 则[4]

$$\left(\text{Tr}(e^{pA})\right)^{1/p} \left(\text{Tr}(e^{qB})\right)^{1/q} \leqslant \frac{1}{2} \text{Tr}(e^{2A} + e^{2B})$$

下面来检验命题的真伪性. 考察如下简单情形:

$$A = \text{diag}(\lambda_1, \lambda_2, \cdots, \lambda_n), \quad B = \text{diag}(\mu_1, \mu_2, \cdots, \mu_n)$$

记 $x_i = e^{\lambda_i}$, $y_i = e^{\mu_i}$ $(i = 1, 2, \cdots, n)$, 那么直接计算有

$$\left(\text{Tr}(e^{pA})\right)^{1/p} \left(\text{Tr}(e^{qB})\right)^{1/q} = \left(\sum_{i=1}^{n} e^{p\lambda_i}\right)^{1/p} \left(\sum_{i=1}^{n} e^{q\mu_i}\right)^{1/q}$$

$$= \left(\sum_{i=1}^{n} x_i^p\right)^{1/p} \left(\sum_{i=1}^{n} y_i^q\right)^{1/q}$$

$$\frac{1}{2}\mathrm{Tr}(\mathrm{e}^{2A} + \mathrm{e}^{2B}) = \frac{1}{2}\sum_{i=1}^{n}(\mathrm{e}^{2\lambda_i} + \mathrm{e}^{2\mu_i}) = \frac{1}{2}\sum_{i=1}^{n}(x_i^2 + y_i^2)$$

要检验的不等式化为

$$\left(\sum_{i=1}^{n} x_i^p\right)^{1/p} \left(\sum_{i=1}^{n} y_i^q\right)^{1/q} \leqslant \frac{1}{2}\sum_{i=1}^{n}(x_i^2 + y_i^2)$$

该不等式的两端皆不小于 $\sum_{i=1}^{n} x_i y_i$, 但到底是左边大还是右边大, 并不明显. 还是从简单的做起. 取极端情况

$$p \to 1+0, \quad q \to +\infty$$

那么不等式退化为

$$\left(\max_{1 \leqslant i \leqslant n} y_i\right) \sum_{i=1}^{n} x_i \leqslant \frac{1}{2}\sum_{i=1}^{n}(x_i^2 + y_i^2)$$

它不总是成立. 这就启发我们, 至少是对充分靠近 1 的 $p > 1$, 该猜想可能是错的. 要证实这一点, 只要找几个特殊的算例就可以了.

取 $x_1 = 1$, $x_2 = 2$, $y_1 = 2$, $y_2 = 2$, $p = 3/2$, $q = 3$, 那么

$$(x_1^p + x_2^p)^{1/p}(y_1^q + y_2^q)^{1/q} - \frac{1}{2}(x_1^2 + x_2^2 + y_1^2 + y_2^2) = -0.3333$$

而将 y_1 由 2 替换为 0.1 时,

$$(x_1^p + x_2^p)^{1/p}(y_1^q + y_2^q)^{1/q} - \frac{1}{2}(x_1^2 + x_2^2 + y_1^2 + y_2^2) = 0.3897$$

因此, Steeb-Villet 猜想是不成立的.

习题 5 考察另一种特殊化. 取特殊矩阵

$$A = \begin{bmatrix} 1 & 0 \\ 0 & 1 \end{bmatrix}, \quad B = \begin{bmatrix} 0 & 1 \\ 1 & 0 \end{bmatrix}$$

检验 Steeb-Villet 不等式是否成立. 另外, 尝试找出 Steeb-Villet 猜想成立的一类矩阵.

代数方程求解的问题也经历了一段漫长而艰难的探索过程. 代数基本定理 (又称为 Gauss 定理) 及 Gauss 的证明 (包括后来的一些证明) 不是构造性的, 并没有给出求解的具体方法, 仅仅肯定了解的存在性. 在相当长的时间里, 如何具体求解

代数方程成为古典代数学最主要的研究内容. 对二次方程和三次方程, 能找到一种求根公式, 对方程的系数经过有限次四则运算、乘方与开方运算即可求得方程的解. 因此, 人们总是希望 (猜想) 高次方程也存在类似的求根公式.

二次方程的一般形式为

$$ax^2 + bx + c = 0, \quad a \neq 0 \tag{2.11}$$

最简单的情形是

$$ax^2 + d = 0$$

此时方程的解为

$$x = \pm\sqrt{-\frac{d}{a}} \quad \text{或} \quad x = \pm\mathrm{i}\sqrt{\left|\frac{d}{a}\right|}$$

其中 i 为虚数单位. 在一般情形下, 希望通过某种形式的变换使得原二次方程可以化为这个简单的二次方程求解. 至于采用什么样的变换, 也应从简单的做起, 而最简单的变换是平移变换. 令

$$x = y + k \tag{2.12}$$

那么原方程化为

$$ay^2 + (b + 2ak)y + ak^2 + bk + c = 0$$

为了消除一次项, 应取 $b + 2ak = 0$, 即 $k = -b/(2a)$. 此时, 方程 (2.3) 简化为

$$ay^2 - \frac{b^2 - 4ac}{4a} = 0$$

换回变量 x 得到方程

$$\left(x + \frac{b}{2a}\right)^2 = \frac{b^2 - 4ac}{4a^2}$$

此式和采用配方法求得的完全一致. 由此得到熟知的求根公式

$$x = \frac{-b \pm \sqrt{b^2 - 4ac}}{2a} \tag{2.13}$$

同样, 在研究三次方程

$$ax^3 + bx^2 + cx + d = 0, \quad a \neq 0 \tag{2.14}$$

求解时, 先考察最简单的情形 $ax^3 + e = 0$, 即

$$x^3 = -\frac{e}{a}\mathrm{e}^{2ki\pi}, \quad k = 0, \pm 1, \pm 2, \cdots$$

此时, 方程的解为

$$x = \sqrt[3]{-\frac{e}{a}}\left(\cos\frac{2k\pi}{3} + i\sin\frac{2k\pi}{3}\right), \quad k = 0, 1, 2$$

或者记为

$$x_1 = \sqrt[3]{-\frac{e}{a}}, \quad x_2 = \sqrt[3]{-\frac{e}{a}}\,\omega, \quad x_3 = \sqrt[3]{-\frac{e}{a}}\,\omega^2$$

其中

$$\omega = \frac{-1 + \sqrt{3}\,i}{2}$$

为方程 $x^3 = 1$ 的一个复根. 在一般情形下, 也希望通过某种形式的变换, 使得原三次方程可以化为这个简单的三次方程求解. 为此, 令 $x = y + k$, 那么原方程化为

$$ay^3 + (3ak + b)y^2 + (3ak^2 + 2bk + c)y + (ak^3 + bk^2 + ck + d) = 0 \tag{2.15}$$

为了消除二次项 (想一想, 为什么不是消除一次项或常数项?), 应取 $b + 3ak = 0$, 即 $k = -b/(3a)$. 此时, 方程 (2.15) 简化为

$$y^3 + \frac{3ac - b^2}{3a^2}y + \frac{2b^3 - 9abc + 27a^2 d}{27a^3} = 0$$

因此, 一般的三次方程求解问题总可以归结为求解形式更简单的方程

$$y^3 + py + q = 0 \tag{2.16}$$

进一步, 无法利用线性变换将上述方程化为更简单的形式. 为此目的, 采用非线性变换, 最简单的一种选择是

$$y = z + \frac{\xi}{z} \tag{2.17}$$

此时, 方程化为

$$z^3 + (p + 3\xi)\left(z + \frac{\xi}{z}\right) + q + \frac{\xi^3}{z^3} = 0 \tag{2.18}$$

如果取 $p + 3\xi = 0$, 即 $\xi = -p/3$, 那么三次方程 (2.16) 化为如下形式:

$$z^6 + qz^3 - \frac{p^3}{27} = 0$$

从而求得 z

$$z^3 = -\frac{1}{2}q \pm \sqrt{\frac{1}{4}q^2 + \frac{1}{27}p^3}$$

以及 y 和 x. 因此, 如果 u 是满足下式的任意复数:

$$u^3 = -\frac{1}{2}q + \sqrt{\frac{1}{4}q^2 + \frac{1}{27}p^3} \tag{2.19}$$

那么 $v = -\dfrac{p}{3u}$ 必然满足

$$v^3 = -\frac{1}{2}q - \sqrt{\frac{1}{4}q^2 + \frac{1}{27}p^3} \tag{2.20}$$

于是方程 (2.16) 的解可表示为

$$y_1 = \sqrt[3]{-\frac{1}{2}q + \sqrt{\frac{1}{4}q^2 + \frac{1}{27}p^3}} + \sqrt[3]{-\frac{1}{2}q - \sqrt{\frac{1}{4}q^2 + \frac{1}{27}p^3}}$$

$$y_2 = \sqrt[3]{-\frac{1}{2}q + \sqrt{\frac{1}{4}q^2 + \frac{1}{27}p^3}}\,\omega + \sqrt[3]{-\frac{1}{2}q - \sqrt{\frac{1}{4}q^2 + \frac{1}{27}p^3}}\,\omega^2$$

$$y_3 = \sqrt[3]{-\frac{1}{2}q + \sqrt{\frac{1}{4}q^2 + \frac{1}{27}p^3}}\,\omega^2 + \sqrt[3]{-\frac{1}{2}q - \sqrt{\frac{1}{4}q^2 + \frac{1}{27}p^3}}\,\omega$$

其中涉及的两个三次方根的乘积等于 $-\dfrac{p}{3}$. 历史上, 三次方程求根公式是意大利数学家 Cardano 于 1545 年在他的代数著作《大法》中公布的, 因而俗称为 Cardano 公式.

对四次方程, 有 Ferrari 方法, 采用变换的方法将四次方程的求解问题转化为求解两个二次方程, 但其求根公式已经很复杂了, 不具有实用价值.

在很长一段时间里, 包括瑞士数学家 Euler 等在内的许多著名数学家, 都曾对求解五次代数方程的求根公式做过不少努力, 认定这样的求根公式是存在的, 却都毫无例外地失败了. 到了 18 世纪下半叶, 法国数学家 Lagrange 利用置换理论将代数方程求解问题统一起来, 并第一次正确认识到排列与置换理论是解代数方程的关键所在. 在此基础上, 19 世纪初, 年轻的挪威数学家 Abel 利用置换群理论严格证明了五次和五次以上的一般代数方程的求解公式不存在, 而年轻的法国数学家 Galois 则更进一步从理论上阐明了代数方程可以用代数方法求解的原理 —— 群论中的 Galois 理论, 它是抽象代数中的基础内容. 一个代数方程是否存在求根公式的问题在经历了数百年的探索才终于弄清楚了. 更具体的讨论可参见通俗读本 [5].

习题 6　验证对所有 $\mu > 0$, 多项式 $p(\lambda) = \lambda^4 + \mu\lambda + 1$ 的根皆满足

$$|\arg(\lambda)| > \frac{\pi}{4} \tag{2.21}$$

其中 $\arg(\lambda)$ 表示复数 λ 的辐角, 并且 $|\arg(\lambda)| \leqslant \pi$.

对这个问题, 由于四次方程的求根公式太复杂, 套用求根公式来证明反而不方便, 所以可利用多项式的根关于 μ 的连续性考虑如下问题:

(1) 对多项式 $p(\lambda) = \lambda^4 + \mu\lambda + 1$ 来说, 其根 λ 不仅是 μ 的连续函数, 而且还是可导函数, 导函数可以表示为

$$\frac{\mathrm{d}\lambda}{\mathrm{d}\mu} = -\frac{\partial p}{\partial \mu} \Big/ \frac{\partial p}{\partial \lambda}$$

(2) 有无什么特殊情形, 相应的条件容易验证? 如 $\mu = 0$ 的情形如何? 即 $\lambda^4 + 1 = 0$ 的根是什么? 满足条件 (2.21) 吗?

(3) 条件 $|\arg(\lambda)| > \dfrac{\pi}{4}$ 表示复平面上的一个区域, 该区域的边界可以表示为

$$\arg(\lambda) = \pm \frac{\pi}{4} \Longleftrightarrow \lambda = r e^{\pm i\pi/4}, \ r > 0$$

多项式的根关于 μ 的连续性意味着什么?

(4) 如果有某 μ_0, 使得某条根曲线到达边界 $|\arg(\lambda)| = \dfrac{\pi}{4}$, 则当 μ 由 μ_0 增大到 $\mu_0 + \varepsilon$ $(0 < \varepsilon \ll 1)$ 时, 如何判断对应的根是进入 $|\arg(\lambda)| > \dfrac{\pi}{4}$ 还是进入 $|\arg(\lambda)| < \dfrac{\pi}{4}$?

第 3 章

归纳法与类比法

　　学习数学、理解数学最令人感到困惑, 最引人入胜的环节之一, 就是如何发现定理以及如何找到证明定理的思路. 其实, 在许多情形, 常常是按照某种合情推理的形式猜出结果或解决思路, 然后再想办法去证明或验证它. 法国数学家 Laplace (1749~1827) 说过, "在数学领域里发现真理的主要工具是归纳和类比".《数学与猜想》(第一卷) 的主要内容就是归纳法和类比法, 既有一般性的叙述, 又有对某些问题的具体而深入的讨论, 内容涉及几何、分析、数论、物理等领域, 读者可以从中获得对这两种思维方法的深入认识. 为了突出归纳法和类比法的重要性, 本章再举几个例子来说明它们在数学学习中的运用.

3.1 归　纳　法

　　归纳法是从若干简单、特殊的情形归纳出一般性的结论, 在数学发现中起着基本的作用. 归纳法常常从观察开始, 在兴趣的引导下, 充分利用已有的经验和方法, 观察总结出一些规律性的发现. Euler 公式 $F + V = E + 2$ 的发现与证明就是归纳法最引人入胜的例子之一. 可以说, 只要有思维过程, 就离不开归纳法. 第 2 章中的例题绝大多数都用到了归纳法的思想, 特别是例 2.1, 例 2.4, 例 2.6, 例 2.7, 例 2.9, 例 2.13, 它们是归纳法的典型应用.

　　例 3.1　勾股定理的推广[1]. 勾股定理是初等平面几何中的一个基本而又重要的定理, 说的是 "直角三角形斜边的平方为两直角边的平方之和". 记两直角边和斜边分别为 a, b, c, 那么勾股定理可表示为

$$a^2 + b^2 = c^2$$

平方在几何上表示正方形的面积, 因此, 勾股定理意味着 "以斜边边长作出的正方形的面积是以两直角边为边长作出的两个正方形的面积之和". 自然会联想到, 如果将正方形换成其他的相似几何图形, 如相似三角形、相似五边形等, 还有这样的

面积关系吗? 如果面积关系对相似多边形是成立的, 那么它对相似曲边形也成立吗?

首先看正三角形的情形. 此时, 边长为 a, b, c 的正三角形的面积分别为

$$\frac{1}{2} \cdot a \cdot \frac{\sqrt{3}}{2}a = \frac{\sqrt{3}}{4}a^2$$

$$\frac{1}{2} \cdot b \cdot \frac{\sqrt{3}}{2}b = \frac{\sqrt{3}}{4}b^2$$

$$\frac{1}{2} \cdot c \cdot \frac{\sqrt{3}}{2}c = \frac{\sqrt{3}}{4}c^2$$

由于 $a^2 + b^2 = c^2$, 所以斜边上的正三角形的面积等于两条直角边上的正三角形的面积之和. 类似地, 可以证明如果将正三角形换为其他的正多边形, 结论仍然成立. 如果将正方形换为半圆, 那么各面积值分别为

$$\frac{1}{2} \cdot \pi \left(\frac{a}{2}\right)^2 = \frac{\pi}{8}a^2$$

$$\frac{1}{2} \cdot \pi \left(\frac{b}{2}\right)^2 = \frac{\pi}{8}b^2$$

$$\frac{1}{2} \cdot \pi \left(\frac{c}{2}\right)^2 = \frac{\pi}{8}c^2$$

以斜边为直径的半圆的面积也等于各自以两条直角边为直径的半圆的面积之和. 由此可以猜测: 如果分别作三角形三边上的任意相似图形, 则斜边上的相似图形的面积等于两条直角边上的相似图形的面积.

事实上, 以计算斜边上的相似图形 (不妨假设为一曲边梯形) 面积为例, 建立直角坐标系, 斜边上的两个顶点坐标分别为 $(0,0)$ 和 $(c,0)$, 曲边的方程为 $y = f(x)$ $(x \in [0,c])$, 则曲边梯形的面积为

$$S_c = \int_0^c f(x)\mathrm{d}x$$

同样地, 对边长为 b 的直角边上的相似图形, 建立直角坐标系, 使得该直角边上的两个顶点坐标分别为 $(0,0)$, $(b,0)$, 曲边的方程应该为 $y_1 = g(t)$ $(t \in [0,b])$, 由相似性, 应有

$$\frac{g(t)}{f(x)} = \frac{t}{x} = \frac{b}{c}$$

因此, 曲边的方程可表示为

$$y_1 = \frac{b}{c}f(x) = \frac{b}{c}f\left(\frac{c}{b}t\right), \quad t \in [0,b]$$

曲边梯形的面积为

$$S_b = \int_0^b g(t)\mathrm{d}t = \frac{b^2}{c^2} \int_0^c f(x)\mathrm{d}x$$

类似地, 另一条直角边上的相似曲边梯形面积为

$$S_a = \frac{a^2}{c^2} \int_0^c f(x)\mathrm{d}x$$

利用 $c^2 = a^2 + b^2$ 即得到 $S_c = S_a + S_b$.

例 3.2　"发现"Green 公式. 在"微积分"课程里已经知道, 面积和体积可以用多种形式的积分来表示. 为方便起见, 假定平面区域 D 既是 x 型区域 (平行于 y 轴的直线和该区域的边界最多有两个交点)

$$D = \{(x,y)|a \leqslant x \leqslant b,\ \phi_1(x) \leqslant y \leqslant \phi_2(x)\}$$

又是 y 型区域 (平行于 x 轴的直线和该区域的边界最多有两个交点)

$$D = \{(x,y)|c \leqslant y \leqslant d,\ \psi_1(y) \leqslant x \leqslant \psi_2(y)\}$$

记 L 为区域 D 的正向边界曲线, 则 D 的面积 A 可以表示为

$$A = \int_a^b \phi_2(x)\mathrm{d}x - \int_a^b \phi_1(x)\mathrm{d}x = -\oint_L y\mathrm{d}x$$

$$A = \int_c^d \psi_2(y)\mathrm{d}y - \int_c^d \psi_1(y)\mathrm{d}y = \oint_L x\mathrm{d}y$$

$$A = \iint_D \mathrm{d}x\mathrm{d}y$$

进一步, 区域 D 绕 x 轴、y 轴旋转一周得到的旋转体的体积 V_x, V_y 也可以用曲线积分和二重积分来表示,

$$V_x = \pi \int_a^b \phi_2^2(x)\mathrm{d}x - \pi \int_a^b \phi_1^2(x)\mathrm{d}x = -\pi \oint_L y^2\mathrm{d}x$$

$$V_x = 2\pi \iint_D y\mathrm{d}x\mathrm{d}y$$

$$V_y = \pi \int_c^d \psi_2^2(y)\mathrm{d}y - \pi \int_c^d \psi_1^2(y)\mathrm{d}y = \pi \oint_L x^2\mathrm{d}y$$

$$V_y = 2\pi \iint_D x\mathrm{d}x\mathrm{d}y$$

将上述结果列表, 如表 3.1 所示, 利用积分可加性, 右边栏中的等式对一般的积分区域也是对的. 由此猜想: 在一般情形下, 满足

$$-\oint_L P(x,y)\mathrm{d}x = \iint_D \frac{\partial}{\partial y}P(x,y)\mathrm{d}x\mathrm{d}y \tag{3.1}$$

$$\oint_L Q(x,y)\mathrm{d}y = \iint_D \frac{\partial}{\partial x}Q(x,y)\mathrm{d}x\mathrm{d}y \tag{3.2}$$

或者统一记为

$$\oint_L P(x,y)\mathrm{d}x + Q(x,y)\mathrm{d}y = \iint_D \left(\frac{\partial Q(x,y)}{\partial x} - \frac{\partial P(x,y)}{\partial y}\right)\mathrm{d}x\mathrm{d}y \tag{3.3}$$

表 3.1　面积与体积的不同积分表示

面	$A = -\oint_L y\mathrm{d}x, \quad A = \iint_D \mathrm{d}x\mathrm{d}y$	$-\oint_L y\mathrm{d}x = \iint_D \frac{\partial}{\partial y}(y)\mathrm{d}x\mathrm{d}y$
积	$A = \oint_L x\mathrm{d}y, \quad A = \iint_D \mathrm{d}x\mathrm{d}y$	$\oint_L x\mathrm{d}y = \iint_D \frac{\partial}{\partial x}(x)\mathrm{d}x\mathrm{d}y$
体	$V_x = -\pi\oint_L y^2\mathrm{d}x, \quad V_x = 2\pi\iint_D y\mathrm{d}x\mathrm{d}y$	$-\oint_L \pi y^2\mathrm{d}x = \iint_D \frac{\partial}{\partial y}(\pi y^2)\mathrm{d}x\mathrm{d}y$
积	$V_y = \pi\oint_L x^2\mathrm{d}y, \quad V_y = 2\pi\iint_D x\mathrm{d}x\mathrm{d}y$	$\oint_L \pi x^2\mathrm{d}y = \iint_D \frac{\partial}{\partial x}(\pi x^2)\mathrm{d}x\mathrm{d}y$

这就是 Green 公式, 当然它们成立需要满足各被积函数的连续性条件. 关于这个发现, 证明它并不困难, 在任何一本微积分教材中都能找到.

Green 公式的本质是将一个平面区域上的二重积分 (二维问题) 化为 "原函数" 在该区域边界上线积分 (一维问题), 这和 Newton-Leibniz 公式将一个区间上的定积分 (一维问题) 化为 "原函数" 在该区间端点处函数值的差 (零维问题) 是一致的. 类似的还有 Gauss 公式和 Stokes 公式.

例 3.3　常系数线性微分方程组解的形式. 已经知道, 常系数齐次线性方程的解一定具有 $\mathrm{e}^{\lambda t}$ 形式的解, 其中 λ 为特征方程的根. 下面以此作为出发点来探讨常系数线性微分方程组的解. 考察

$$\begin{cases} \dfrac{\mathrm{d}x}{\mathrm{d}t} = 3x - y + z \\[2mm] \dfrac{\mathrm{d}y}{\mathrm{d}t} = 2x + z \\[2mm] \dfrac{\mathrm{d}z}{\mathrm{d}t} = x - y + 2z \end{cases}$$

对该方程组, 直接求第一个方程关于 t 的导数有

$$\ddot{x} = 3(3x - y + z) - (2x + z) + (x - y + 2z) = 8x - 4y + 4z$$

$$\dddot{x} = 8(3x - y + z) - 4(2x + z) + 4(x - y + 2z) = 20x - 12y + 12z$$

从而 x 是如下常系数齐次线性微分方程:

$$\dddot{x} - 5\ddot{x} + 8\dot{x} - 4x = 0$$

的解. 该线性微分方程的特征方程为 $\lambda^3 - 5\lambda^2 + 8\lambda - 4 = 0$, 所以特征根为 $\lambda = 1, 2, 2$, 因而微分方程的解 x 可表示为

$$x = c_1 e^t + c_2 e^{2t} + c_3 t e^{2t}$$

因此,

$$\begin{cases} \dfrac{\mathrm{d}y}{\mathrm{d}t} = 2(c_1 e^t + c_2 e^{2t} + c_3 t e^{2t}) + z \\[2mm] \dfrac{\mathrm{d}z}{\mathrm{d}t} = c_1 e^t + c_2 e^{2t} + c_3 t e^{2t} - y + 2z \end{cases}$$

进而又可以得到

$$\begin{aligned} \ddot{y} &= 2(c_1 e^t + 2c_2 e^{2t} + c_3 e^{2t} + 2c_3 t e^{2t}) + \dot{z} \\ &= 2(c_1 e^t + 2c_2 e^{2t} + c_3 e^{2t} + 2c_3 t e^{2t}) + c_1 e^t + c_2 e^{2t} + c_3 t e^{2t} - y + 2z \\ &= 2(c_1 e^t + 2c_2 e^{2t} + c_3 e^{2t} + 2c_3 t e^{2t}) - 3(c_1 e^t + c_2 e^{2t} + c_3 t e^{2t}) - y + 2\dot{y} \\ &= -c_1 e^t + (c_2 + 2c_3)e^{2t} + c_3 t e^{2t} - y + 2\dot{y} \end{aligned}$$

这表明, y 满足如下微分方程:

$$\ddot{y} - 2\dot{y} + y = -c_1 e^t + (c_2 + 2c_3)e^{2t} + c_3 t e^{2t}$$

设方程的特解具有形式

$$y^* = at^2 e^t + (bt + c)e^{2t}$$

代入方程后比较同次幂系数求得 $a = -\dfrac{c_1}{2}$, $b = c_3$, $c = c_2$, 所以 y 可以表示为

$$y = (c_4 + c_5 t)e^t - \frac{c_1}{2} t^2 e^t + (c_3 t + c_2)e^{2t}$$

并且 z 可求得为

$$\begin{aligned} z &= \dot{y} - 2(c_1 e^t + c_2 e^{2t} + c_3 t e^{2t}) \\ &= \left(-\frac{c_1}{2} t^2 + (-c_1 + c_5)t + c_4 - 2c_1 + c_5\right)e^t + c_3 e^{2t} \end{aligned}$$

方程组的解 x, y, z 含有 5 个任意常数 $c_1, c_2, \cdots, c_5$, 需要将其代入原方程组确定这些常数之间的关系. 容易知道, 对这样的解 x, y, z, 原方程组中的第二个方程和第三个方程恒成立, 而第一个方程成立当且仅当 $c_1 = 0$, $c_5 = 0$. 因此, 所求三阶线性微分方程组的解可表示为

$$
\begin{cases}
x = (c_2 + c_3 t)\mathrm{e}^{2t} \\
y = c_4 \mathrm{e}^t + (c_2 + c_3 t)\mathrm{e}^{2t} \\
z = c_4 \mathrm{e}^t + c_3 \mathrm{e}^{2t}
\end{cases}
$$

其中 c_2, c_3, c_4 为任意常数.

在学习数学时, 不能仅仅满足于问题是否解决了, 还应从中获得更多的启发和发展. 例如, 为了强调方程组的解 x, y 和 z 是一个整体, 可引入解向量 X, 进而联想到引入系数矩阵 A, 使得原方程组可表示为如下矩阵微分方程的形式:

$$
\frac{\mathrm{d}X}{\mathrm{d}t} = AX, \quad A = \begin{bmatrix} 3 & -1 & 1 \\ 2 & 0 & 1 \\ 1 & -1 & 2 \end{bmatrix}, X = \begin{bmatrix} x \\ y \\ z \end{bmatrix}
$$

此时方程组的解

$$
\begin{aligned}
X &= \begin{bmatrix} (c_2 + c_3 t)\mathrm{e}^{2t} \\ c_4 \mathrm{e}^t + (c_2 + c_3 t)\mathrm{e}^{2t} \\ c_4 \mathrm{e}^t + c_3 \mathrm{e}^{2t} \end{bmatrix} \\
&= c_2 \begin{bmatrix} 1 \\ 1 \\ 0 \end{bmatrix} \mathrm{e}^{2t} + c_3 \left(\begin{bmatrix} 1 \\ 1 \\ 0 \end{bmatrix} t + \begin{bmatrix} 0 \\ 0 \\ 1 \end{bmatrix} \right) \mathrm{e}^{2t} + c_4 \begin{bmatrix} 0 \\ 1 \\ 1 \end{bmatrix} \mathrm{e}^t \\
&= c_2 \xi_1 + c_3 \xi_2 + c_4 \xi_3
\end{aligned}
$$

其中

$$
\xi_1 = \begin{bmatrix} 1 \\ 1 \\ 0 \end{bmatrix} \mathrm{e}^{2t}, \quad \xi_2 = \left(\begin{bmatrix} 1 \\ 1 \\ 0 \end{bmatrix} t + \begin{bmatrix} 0 \\ 0 \\ 1 \end{bmatrix} \right) \mathrm{e}^{2t}, \quad \xi_3 = \begin{bmatrix} 0 \\ 1 \\ 1 \end{bmatrix} \mathrm{e}^t
$$

为线性方程组三个特殊 (线性无关) 的解, ξ_1, ξ_3 具有如下形式:

$$
X = C\mathrm{e}^{\lambda t} \tag{3.4}
$$

而 ξ_2 的形式稍复杂一些, 与高阶线性方程的通解相比较, ξ_2 的表达式与 2 为重根有关联.

这个简单的算例告诉我们, 为了求得常系数齐次线性微分方程组

$$\frac{\mathrm{d}X}{\mathrm{d}t} = AX, \quad X \in \mathbb{R}^n, \ A \in \mathbb{R}^{n \times n}$$

的解, 可先假设其解向量具有形式 (3.4). 直接计算可知, λ 和 C 满足如下线性代数方程组:

$$(\lambda I - A)C = 0$$

由于 $C \neq 0$, 因而该方程组的系数行列式必为零,

$$\det(\lambda I - A) = 0$$

因此, λ 是特征方程的根, 而 C 是对应的特征向量. 反之, 对矩阵 A 的任意特征根 λ 以及相应的特征向量 C, $X = Ce^{\lambda t}$ 必为线性微分方程组的解. 特别地, 如果 A 的特征根分别记为 $\lambda_1, \lambda_2, \cdots, \lambda_n$, 对应的特征向量 $\phi_1, \phi_2, \cdots, \phi_n$ 是线性无关的, 则线性微分方程组有 n 个线性无关的解 $\phi_1 e^{\lambda_1 t}, \phi_2 e^{\lambda_2 t}, \cdots, \phi_n e^{\lambda_n t}$, 因而方程组的通解可表示为

$$X = c_1 \phi_1 e^{\lambda_1 t} + c_2 \phi_2 e^{\lambda_2 t} + \cdots + c_n \phi_n e^{\lambda_n t} \tag{3.5}$$

其中 $c_1, c_2, \cdots, c_n$ 为任意常数.

对上述三阶线性微分方程组, 特征多项式为 $\det(\lambda I - A) = \lambda^3 - 5\lambda^2 + 8\lambda - 4$, 其根为 $1, 2, 2$. 解向量 ξ_3 中的 $[0, 1, 1]^T$ 是特征值 $\lambda = 1$(单根) 的特征向量, 而解向量 ξ_1, ξ_2 中的 $[1, 1, 0]^T$ 是二重根 $\lambda = 2$ 的特征向量, 但该特征值的特征子空间是一维的, 其中不存在和 $[1, 1, 0]^T$ 线性无关的特征向量, 那么解向量 ξ_2 中的向量 $[0, 0, 1]^T$ 表示什么呢? 利用 $\dot{\xi}_2 = A\xi_2$ 可知

$$\begin{bmatrix} 1 \\ 1 \\ 0 \end{bmatrix} e^{2t} + 2\left(\begin{bmatrix} 1 \\ 1 \\ 0 \end{bmatrix} t + \begin{bmatrix} 0 \\ 0 \\ 1 \end{bmatrix}\right) e^{2t} = A\left(\begin{bmatrix} 1 \\ 1 \\ 0 \end{bmatrix} t + \begin{bmatrix} 0 \\ 0 \\ 1 \end{bmatrix}\right) e^{2t}$$

化简得

$$\begin{bmatrix} 1 \\ 1 \\ 0 \end{bmatrix} + 2 \begin{bmatrix} 0 \\ 0 \\ 1 \end{bmatrix} = A \begin{bmatrix} 0 \\ 0 \\ 1 \end{bmatrix}$$

这表明, ξ_2 中的向量 $[0, 0, 1]^T$ 是对应于特征值 $\lambda = 2$ 的广义特征向量.

在上述探索的基础上, 可按如下方式来求得常系数线性微分方程组的通解. 对特征值 $\lambda = 1$, 仍然取 $[0, 1, 1]^T$ 为对应的特征向量. 对二重特征值 $\lambda = 2$, 取 $[2, 2, 0]^T$ 为对应的特征向量, 进而解线性方程组

$$A\eta = 2\eta + [2, 2, 0]^T$$

可取广义特征向量为 $\eta = [1,1,2]^{\mathrm{T}}$ (有无穷多种选择, 如还可取 $\eta = [0,0,2]^{\mathrm{T}}$, $\eta = [-1,-1,2]^{\mathrm{T}}$ 等), 因此, 该线性微分方程组的通解又可表示为

$$
X = \tilde{c}_2 \begin{bmatrix} 2 \\ 2 \\ 0 \end{bmatrix} \mathrm{e}^{2t} + \tilde{c}_3 \left(\begin{bmatrix} 2 \\ 2 \\ 0 \end{bmatrix} t + \begin{bmatrix} 1 \\ 1 \\ 2 \end{bmatrix} \right) \mathrm{e}^{2t} + \tilde{c}_4 \begin{bmatrix} 0 \\ 1 \\ 1 \end{bmatrix} \mathrm{e}^{t}
$$

其中 $\tilde{c}_2$, $\tilde{c}_3$, $\tilde{c}_4$ 为任意常数. 至此, 对系数矩阵的特征值问题和广义特征值问题在求通解中的作用已非常清楚. 有兴趣的读者可将通解转化为更简洁清晰的矩阵形式.

归纳推理的基础是归纳原理. 如果在一定条件下, 观察大量的某类对象, 所有这些被观察到的对象都具有性质 P, 那么所有这类对象都具有性质 P, 其推理模式如图 3.1 所示.

$$
\begin{array}{l}
\text{对象 } S_1 \text{ 具有性质 } P \\
\text{对象 } S_2 \text{ 具有性质 } P \\
\cdots\cdots\cdots \\
\text{对象 } S_n \text{ 具有性质 } P \\
\cdots\cdots\cdots \\
\underline{S=\{S_1, S_2, \cdots, S_n, \cdots\}} \\
S \text{ 具有性质 } P
\end{array}
$$

图 3.1　归纳法的推理模式

归纳法的作用主要有两个方面, 一是启发性联想, 即通过对若干简单特殊情况的细致观察分析启发我们发现一般性的特征; 另一个是支持性联想, 即可以通过各种各样的方法、联想作出一定形式的猜想, 需要证明它或者推翻它, 这样对一些特例的检验可用来支持或否定猜想. 因此, 前者是猜想前需要考察的, 后者则是提出猜想后出现的, 第 1 章和第 2 章的内容都有所体现. 在归纳过程中, 往往会遇到一些例外, 如果例外的情况很多, 就难以形成规律; 如果例外很少, 就要仔细分析为什么会有这样的例外.

3.2　类　比　法

另一种非常有效的思维方法是**类比法**. 对于两个数学研究对象, 如果它们各自的部分之间在某种可以确定关系上是一致的, 就可以从其中一个数学对象的性质类比出另一个数学对象的性质. 类比推理的一般原理如下: 如果事物 A 具有性质 P_1, P_2, $\cdots$, P_n, P_{n+1}, 事物 B 具有性质 P_1, P_2, $\cdots$, P_n, 那么事物 B 也应具有性质 P_{n+1}. 类比原理利用了相似事物属性的延伸性, 由对某个事物的认识来了解和它相似的事物, 其推理模式可表述为如图 3.2 所示的形式

对象 A 具有性质 $P_1, P_2, \cdots, P_n, P_{n+1}$

对象 B 具有性质 $P_1, P_2, \cdots, P_n$

B 具有性质 P_{n+1}

图 3.2　类比法的推理模式

应用类比法推理的例子也是数不胜数, 人们总是自觉或不自觉地应用类比推理来思考问题. 例如, 仿生学已成为一个重要的技术研究领域; 所谓 "薄壳建筑" 是类比蛋壳的结构性能而设计出来的; 将热的传导和水的流动作类比, Fourier 建立了热传导理论等.

在数学领域, 一个由 Euler 作出的、利用类比法得到的、具有重要历史意义的发现是求如下无穷级数的和:

$$\sum_{n=1}^{\infty} \frac{1}{n^2} = \frac{\pi^2}{6} \tag{3.6}$$

Euler 基于类比的事实如下: 如果一个 n 次方程

$$a_0 + a_1 x + a_2 x^2 + \cdots + a_n x^n = 0$$

有 n 个不同的根 $\alpha_1, \alpha_2, \cdots, \alpha_n$, 那么

$$a_0 + a_1 x + a_2 x^2 + \cdots + a_n x^n = a_n(x - \alpha_1)(x - \alpha_2) \cdots (x - \alpha_n)$$

或

$$a_0 + a_1 x + a_2 x^2 + \cdots + a_n x^n = a_0 \left(1 - \frac{x}{\alpha_1}\right)\left(1 - \frac{x}{\alpha_2}\right) \cdots \left(1 - \frac{x}{\alpha_n}\right)$$

由根与系数的关系, 容易得到

$$a_{n-1} = -a_n(\alpha_1 + \alpha_2 + \cdots + \alpha_n)$$
$$a_1 = -a_0 \left(\frac{1}{\alpha_1} + \frac{1}{\alpha_2} + \cdots + \frac{1}{\alpha_n}\right)$$

进而 Euler 研究了超越方程 $\sin x = 0$, 或

$$\frac{x}{1} - \frac{x^3}{1 \cdot 2 \cdot 3} + \frac{x^5}{1 \cdot 2 \cdot 3 \cdot 4 \cdot 5} - \frac{x^7}{1 \cdot 2 \cdot 3 \cdot 4 \cdot 5 \cdot 6 \cdot 7} + \cdots = 0$$

它有无穷多个根 $0, \pm\pi, \pm 2\pi, \cdots$. 和前面的多项式作类比, 希望成立如下的等式:

$$\begin{aligned}
\frac{\sin x}{x} &= 1 - \frac{x^2}{1 \cdot 2 \cdot 3} + \frac{x^4}{1 \cdot 2 \cdot 3 \cdot 4 \cdot 5} - \frac{x^6}{1 \cdot 2 \cdot 3 \cdot 4 \cdot 5 \cdot 6 \cdot 7} + \cdots \\
&= \left(1 - \frac{x^2}{\pi^2}\right)\left(1 - \frac{x^2}{4\pi^2}\right)\left(1 - \frac{x^2}{9\pi^2}\right) \cdots \left(1 - \frac{x^2}{n^2\pi^2}\right) \cdots
\end{aligned}$$

比较平方项的系数得到

$$\frac{1}{2 \cdot 3} = \frac{1}{\pi^2} + \frac{1}{4\pi^2} + \frac{1}{9\pi^2} + \cdots + \frac{1}{n^2\pi^2} + \cdots$$

从而

$$\frac{1}{1^2} + \frac{1}{2^2} + \frac{1}{3^2} + \cdots + \frac{1}{n^2} + \cdots = \frac{\pi^2}{6}$$

这里 Euler 把多项式的结论搬到了无穷级数, 是一种典型的有限和无限之间的类比. 他深知这种做法是大胆的, 因而还尝试了其他的幂级数之和, 如

$$\frac{1}{1^4} + \frac{1}{2^4} + \frac{1}{3^4} + \cdots + \frac{1}{n^4} + \cdots = \frac{\pi^4}{90}$$

$$\frac{1}{1} - \frac{1}{3} + \frac{1}{5} - \frac{1}{7} + \frac{1}{9} - \frac{1}{11} + \cdots = \frac{\pi}{4}$$

为了验证这些结论是否正确, Euler 还做了大量的数值检验, 发现等式两边的数值都是一致的, 因此, 他深信结果是正确的.

在数学学习和研究中, 经常要问: 以前遇到过类似而简单的问题吗? 那个简单问题的答案和解决问题的方法的要点是什么? 对解决现在的问题有什么启发? 这时, 类比法都可以发挥巨大的作用. 常用的类比关系有一元与多元、低维与高维、有限与无限、离散与连续、点与线、平面与空间、三角形与四面体等. 当在探索矩阵序列极限 $\lim\limits_{n\to\infty} A^n = 0$ 收敛的条件时, 如果能联想到数列极限 $\lim\limits_{n\to\infty} x^n = 0$ 收敛的条件是 $|x| < 1$, 那么很自然地猜想到矩阵序列收敛的条件是 $\|A\| < 1$.

例 3.4 求和

$$S_n := \sum_{i=1}^{n} i^2$$

先考察简单的情形. 由于

$$\sum_{i=1}^{n} i^0 = 1 + 1 + \cdots + 1 = n$$

$$\sum_{i=1}^{n} i^1 = 1 + 2 + \cdots + n = \frac{n(n+1)}{2}$$

分别为 n 的一次多项式和二次多项式, 所以猜想所求的和是 n 的三次多项式

$$\sum_{i=1}^{n} i^2 = an^3 + bn^2 + cn + d$$

其中 a, b, c, d 为待定常数. 因为 $S_1 = 1$, $S_2 = 5$, $S_3 = 14$, $S_4 = 30$, 所以有

$$\begin{cases} a + b + c + d = 1 \\ 8a + 4b + 2c + d = 5 \\ 27a + 9b + 3c + d = 14 \\ 64a + 16b + 4c + d = 30 \end{cases}$$

解之得

$$a = \frac{1}{3}, \quad b = \frac{1}{2}, \quad c = \frac{1}{6}, \quad d = 0$$

所以

$$\sum_{i=1}^{n} i^2 = \frac{n(n+1)(2n+1)}{6}$$

利用上式可知 $S_5 = 55$, $S_6 = 91$, 这与直接计算的结果完全一致. 因此, 有理由相信通过类比法得到的结论是正确的. 实际上,

(1) 当 $n = 1$ 时, 等式成立.

(2) 假设当 $n = k$ 时, 等式成立, 即

$$S_k = \frac{k(k+1)(2k+1)}{6}$$

那么当 $n = k + 1$ 时, 由于 $S_{k+1} = S_k + (k+1)^2$, 所以有

$$\begin{aligned} S_{k+1} &= \frac{k(k+1)(2k+1)}{6} + (k+1)^2 \\ &= \frac{(k+1)(k+2)(2k+3)}{6} \end{aligned}$$

由数学归纳法可知, 结论成立.

习题 7 收集与观察, 并作类比推理 (表 3.2).

表 3.2　形式类比推理

$\sum_{k=1}^{n} k = \dfrac{n(n+1)}{2}$	$\sum_{k=1}^{n} \dfrac{k}{1} = \dfrac{n(n+1)}{1 \cdot 2}$
$\sum_{k=1}^{n} k^2 = \dfrac{n(n+1)(2n+1)}{6}$	$\sum_{k=1}^{n} \dfrac{k(k+1)}{1 \cdot 2} = \dfrac{n(n+1)(n+2)}{1 \cdot 2 \cdot 3}$
	$\downarrow$
$\sum_{k=1}^{n} k^3 = ?$	$\sum_{k=1}^{n} \dfrac{k(k+1)(k+2)}{1 \cdot 2 \cdot 3} = \dfrac{n(n+1)(n+2)(n+3)}{1 \cdot 2 \cdot 3 \cdot 4}?$
	$\downarrow$
$\sum_{k=1}^{n} k^4 = ?$	$\sum_{k=1}^{n} \dfrac{k(k+1)(k+2)(k+3)}{1 \cdot 2 \cdot 3 \cdot 4} = ?$
	$\downarrow$
$\sum_{k=1}^{n} k^m = ?$	?

例 3.5 用 n 个平面划分三维空间, 问最多能分成多少个区域?

这次以被划分的对象来寻找简单情形, 维数低的是简单情形, 相应的如表 3.3 所示. 表中两个低维问题的结果和形式对比能带来什么启示呢?

表 3.3　不同空间形式下的对比

直线的划分 (一维问题)	用 n 个点来划分	最多划分为 $S_1(n) = n+1$ 个区域
平面的划分 (二维问题)	用 n 条直线来划分	最多划分为 $S_2(n) = \dfrac{n^2+n+2}{2}$ 个区域
空间的划分 (三维问题)	用 n 个平面来划分	最多划分的区域数 $S_3(n) =?$

由于 $S_1(n)$ 和 $S_2(n)$ 分别是 n 的一次和二次多项式, 可猜想 $S_3(n)$ 是 n 的三次多项式,

$$S_3(n) = an^3 + bn^2 + cn + d$$

其中 a, b, c, d 为待定常数. 因为 $S_3(1) = 2$, $S_3(2) = 4$, $S_3(3) = 8$, $S_3(4) = 15$, 所以有

$$\begin{cases} a + b + c + d = 2 \\ 8a + 4b + 2c + d = 4 \\ 27a + 9b + 3c + d = 8 \\ 64a + 16b + 4c + d = 15 \end{cases}$$

解之得

$$a = \frac{1}{6}, \quad b = 0, \quad c = \frac{5}{6}, \quad d = 1$$

所以

$$S_3(n) = \frac{1}{6}(n^3 + 5n + 6) = \frac{1}{6}(n+1)(n^2 - n + 6)$$

结果对不对呢? 需要检验或证明. 为此, 可直接利用前面求 $S_2(n)$ 的思路和结论. 利用数学归纳法, 当由 $n = k$ 变为 $n = k+1$ 时, 要使增加的区域尽可能地多, 就应该使先前的 k 个平面和第 $k+1$ 个平面相交共 k 条交线在第 $k+1$ 个平面上所划分出的区域尽可能地多, 由前面的讨论可知, 这个数是 $S_2(k)$, 因此,

$$\begin{cases} S_3(k+1) = S_3(k) + S_2(k) \\ S_3(1) = 2 \end{cases}$$

最后求得

$$S_3(n) = S_3(1) + S_2(1) + S_2(2) + \cdots + S_2(n-1) = 2 + \sum_{i=1}^{n-1} \frac{i^2 + i + 2}{2}$$

$$= 2 + \frac{(n-1)n(2n-1)}{12} + \frac{(n-1)n}{4} + (n-1)$$

$$= \frac{1}{6}(n^3 + 5n + 6)$$

例 3.6　多元函数极值的判别法则. 在一元函数 $y = f(x)$ 的情形下, 如果函数具有连续的二阶导数, 则在驻点 x_0 处附近满足

$$f(x) - f(x_0) = f'(x_0)(x - x_0) + \frac{1}{2}f''(x_0)(x - x_0)^2 + o((x - x_0)^2)$$

$$= \frac{1}{2}f''(x_0)(x - x_0)^2 + o((x - x_0)^2)$$

因此, 当 $f''(x_0) > 0$ 时, 在 x_0 的某去心小邻域内有 $f(x) > f(x_0)$, 即 $f(x_0)$ 为极小值, 而当 $f''(x_0) < 0$ 时, $f(x_0)$ 为极大值. 这就启发我们在二元或更多元函数的情形下, 利用 Taylor 展开式去讨论函数的极值. 对具有二阶连续偏导数的函数 $z = f(x, y)$, 在驻点 (x_0, y_0) 的某个小邻域内有

$$f(x, y) - f(x_0, y_0)$$

$$= f'_x(x_0, y_0)(x - x_0) + f'_y(x_0, y_0)(y - y_0) + \frac{1}{2}f''_{xx}(x_0, y_0)(x - x_0)^2$$

$$+ f''_{xy}(x_0, y_0)(x - x_0)(y - y_0) + \frac{1}{2}f''_{yy}(x_0, y_0)(y - y_0)^2 + o(\rho^2)$$

$$= \frac{1}{2}(A(x - x_0)^2 + 2B(x - x_0)(y - y_0) + C(y - y_0)^2) + o(\rho^2)$$

其中 $\rho = \sqrt{(x - x_0)^2 + (y - y_0)^2}$,

$$A = f''_{xx}(x_0, y_0), \quad B = f''_{xy}(x_0, y_0), \quad C = f''_{yy}(x_0, y_0)$$

故在 (x_0, y_0) 的一个去心小邻域内, $f(x, y) - f(x_0, y_0)$ 的符号由一个二次型的符号来决定. 如果

$$B^2 - AC < 0, \quad A > 0$$

则在 (x_0, y_0) 的某个去心小邻域内, 二次型为正定, 即

$$A(x - x_0)^2 + 2B(x - x_0)(y - y_0) + C(y - y_0)^2 > 0 \tag{3.7}$$

故 $f(x, y) - f(x_0, y_0) > 0$, 从而 $f(x_0, y_0)$ 取极小值; 而当

$$B^2 - AC < 0, \quad A < 0$$

时, 在 (x_0, y_0) 的某个去心小邻域内, 上述二次型为负定, 即

$$A(x - x_0)^2 + 2B(x - x_0)(y - y_0) + C(y - y_0)^2 < 0 \tag{3.8}$$

从而 $f(x_0, y_0)$ 取极大值. 如果

$$B^2 - AC \geqslant 0$$

则 $f(x,y) - f(x_0, y_0)$ 的取值可正可负, $f(x_0, y_0)$ 不是极值. 类似地, 可得到三元函数在驻点处取极值的充分条件.

例 3.7 在一元函数积分学里, 已经知道, 平面光滑曲线段 L: $y = f(x)(a \leqslant x \leqslant b)$ 的长度可用定积分求得, 其计算公式为

$$l = \int_a^b \sqrt{1 + (f'(x))^2}\mathrm{d}x$$

利用类比法可以很容易得到空间光滑曲面面积的计算公式.

首先, 曲面方程最好具有形式 $z = f(x,y)$. 注意到积分区间 $[a, b]$ 是曲线 L 在 x 轴上的投影, 应该知道曲面在 xy 平面上的投影区域, 记为 D, 那么曲面可表示为

$$\Sigma: \quad z = f(x, y), \; (x, y) \in D$$

从形式上作类比可知, 曲面面积应该具有如下形式:

$$A = \iint\limits_D \sqrt{1 + \left(\frac{\partial f}{\partial x}\right)^2 + \left(\frac{\partial f}{\partial x}\right)^2}\mathrm{d}x\mathrm{d}y$$

利用此公式计算半径为 r 的球的表面积为 $4\pi r^2$, 和已知结论一致, 因此, 有理由相信这个计算曲面面积的公式是对的.

类比法不仅可以猜出面积计算公式的形式, 还可以由求弧微分的思路和过程来推导面积计算公式. 事实上, 在推导弧微分公式时, 采用的是**以直代曲**的思路, 即**以切线段代替曲线段**. 具体来说, 在积分区间 $[a, b]$ 内取一个代表性的无穷小区间 $[x, x + \mathrm{d}x]$, 得到曲线上的一小段和过 $(x, f(x))$ 的切线上的一小段, 其长度分别为 Δs 和 $\mathrm{d}s = \sqrt{1 + (f'(x))^2}\mathrm{d}x$. 由于

$$\Delta s = \mathrm{d}s + o(\mathrm{d}x) = \sqrt{1 + (f'(x))^2}\mathrm{d}x + o(\mathrm{d}x)$$

因此, $\mathrm{d}s$ 就是弧长的元素 (弧微分). 将这个思路类比用到求曲面面积, 可取 D 上的代表性区域 $[x, x + \mathrm{d}x] \times [y, y + \mathrm{d}y]$, 对应于曲面 Σ 上的小块和过 $(x, y, f(x, y))$ 的切平面上的对应小块, 其面积分别记为 ΔS 和 $\mathrm{d}S$, 以直代曲的意思是

$$\Delta S \approx \mathrm{d}S$$

尽管弧微分公式的几何意义明显, 它用到了切线的斜率, 但为了和空间情形作类比, 应该探讨弧微分公式和法向的关系, 因为切平面的决定性特征方向是法向. 记法向和 y 轴正向的不超过 $\pi/2$ 的夹角为 β, 由于法向平行于向量 $(f'(x), 1)$, 所以有公式

$$\mathrm{d}s = \frac{\mathrm{d}x}{\cos\beta} = \frac{\mathrm{d}x}{1/\sqrt{1 + (f'(x))^2}} = \sqrt{1 + (f'(x))^2}\mathrm{d}x$$

如果记切平面法向 $\left(\dfrac{\partial f}{\partial x},\dfrac{\partial f}{\partial y},1\right)$ 和 z 轴正向的不超过 $\pi/2$ 的夹角为 γ, 那么由类比法可知, 应该成立如下关系:

$$dS = \frac{dxdy}{\cos\gamma} = \sqrt{1 + \left(\frac{\partial f}{\partial x}\right)^2 + \left(\frac{\partial f}{\partial y}\right)^2}\,dxdy$$

这个关系很容易由平面到平面的投影区域面积的计算公式得到确认.

实际上, 在学习多元函数微积分时, 几乎对所有问题都可以从一元函数微积分的理论和方法中获得启发. 再看一个简单的例子. 给定一元可微函数 $y = f(x)(a < x < b)$, 其曲线在 (x_0, y_0) 处的切线方程为

$$y - y_0 = f'(x_0)(x - x_0)$$

如果该曲线方程采用如下更一般的参数方程形式: $x = \varphi(t)$, $y = \psi(t)(\alpha < t < \beta)$, 并且 $x_0 = \varphi(t_0)$, $y_0 = \psi(t_0)$, 那么切线斜率 $f'(x_0) = \psi'(t_0)/\varphi'(t_0)$, 因而上述切线方程可写成如下对称的形式:

$$\frac{x - x_0}{\varphi'(t_0)} = \frac{y - y_0}{\psi'(t_0)}$$

由此得到类比结论: 如果空间曲线具有参数方程形式 $x = x(t)$, $y = y(t)$, $z = z(t)(\alpha < t < \beta)$, 并且 $x_0 = x(t_0)$, $y_0 = y(t_0)$, $z_0 = z(t_0)$, 则该曲线在点 (x_0, y_0, z_0) 处的切线方程为

$$\frac{x - x_0}{x'(t_0)} = \frac{y - y_0}{y'(t_0)} = \frac{z - z_0}{z'(t_0)}$$

从上面的分析可以看出, 无论是沿哪个思路, 低维问题的解决思路和结果对解决高维问题是至关重要的, 其中类比法非常有效, 它帮我们猜出问题的答案.

从数学结构的观点来看, 加法和乘法是受同一规律支配的类比关系, 除法和减法也是一对受同一规律支配的类比关系.

例 3.8　函数的凹凸性的类比推广. 设实函数 $f(x)$ 定义在区间 (a, b), 如果对任何 $x, y \in (a, b)$ 有

$$f\left(\frac{x + y}{2}\right) \geqslant \frac{f(x) + f(y)}{2}$$

则称 $f(x)$ 在 (a, b) 上为凸的. 由于加法和乘法是受同一规律支配的类比关系, 因此, 可以对应地定义另一种意义的凸函数: $f(x)$ 定义在区间 (a, b) 上的非负函数, 并且对任何 $x, y \in (a, b)$ 有

$$f(\sqrt{xy}) \geqslant \sqrt{f(x)f(y)}$$

则称 $f(x)$ 在 (a,b) 上为仿凸的. 从这个定义出发, 可以得到类似于凸函数具有的一系列性质. 例如, 可以证明对这样的函数, 如果 $x_1, x_2, \cdots, x_n \in (a,b)$, 则

$$f(\sqrt[n]{x_1 x_2 \cdots x_n}) \geqslant \sqrt[n]{f(x_1)f(x_2)\cdots f(x_n)}$$

容易知道, 如果 $f(x)$ 是仿凸函数, 那么 $g(x) = \ln f(e^x)$ 是通常意义下的凸函数, 满足

$$g\left(\frac{x_1 + x_2}{2}\right) = \ln f(\sqrt{e^{x_1}e^{x_2}}) \geqslant \ln \sqrt{f(e^{x_1})f(e^{x_2})} = \frac{g(x_1) + g(x_2)}{2}$$

反之, 如果 $g(x)$ 是凸函数, 那么 $f(x) = e^{g(\ln x)}$ 是仿凸函数. 也就是说, 由仿凸函数得到的不等式都可以由凸函数的性质得到. 因此, 将凸函数的概念推广到仿凸函数, 其本身的学术价值不大, 但这种探索对理解数学和发展思维仍是大有好处的. 从这个角度来讲, 还可以结合其他形式的平均值推广凸函数.

例 3.9 算术–几何平均值不等式的加强.

设 $x_1, x_2, \cdots, x_n \geqslant 0$, 并记

$$A(n) = \frac{x_1 + x_2 + \cdots + x_n}{n}, \quad H(n) = \sqrt[n]{x_1 x_2 \cdots x_n}$$

那么算术–几何平均值不等式是指 $A(n) \geqslant H(n)$. 考察两个平均值的差 $A(n)-H(n)$. 先比较一下 $A(3)-H(3)$ 与 $A(2)-H(2)$, 直接比较很不方便, 但比较 $3(A(3)-H(3))$ 与 $2(A(2)-H(2))$ 就要方便得多, 因为其中有些项会抵消. 显然,

$$\begin{aligned}
3(A(3) - H(3)) - 2(A(2) - H(2)) &= x_3 + 2\sqrt{x_1 x_2} - 3\sqrt[3]{x_1 x_2 x_3} \\
&= 3\left(\frac{x_3 + \sqrt{x_1 x_2} + \sqrt{x_1 x_2}}{3} - \sqrt[3]{x_1 x_2 x_3}\right) \geqslant 0
\end{aligned}$$

更一般地,

$$\begin{aligned}
&(k+1)(A(k+1) - H(k+1)) - k(A(k) - H(k)) \\
&= (x_{k+1} + k\sqrt{x_1 x_2 \cdots x_k}) - (k+1)\sqrt[k+1]{x_1 x_2 \cdots x_{k+1}} \\
&= (k+1)\left(\frac{x_{k+1} + \sqrt{x_1 x_2 \cdots x_k} + \cdots + \sqrt{x_1 x_2 \cdots x_k}}{k+1} - \sqrt[k+1]{x_1 x_2 \cdots x_{k+1}}\right) \geqslant 0
\end{aligned}$$

因此, 有下面的 Rado-Popovic 不等式:

$$n(A(n) - H(n)) \geqslant (n-1)(A(n-1) - H(n-1)) \geqslant \cdots \geqslant 2(A(2) - H(2)) \geqslant 0$$

有了这个不等式, 由于加法和乘法、除法和减法分别是一对受同一规律支配的类比关系, 因此, 可类比出如下不等式:

$$\left(\frac{A(n)}{H(n)}\right)^n \geqslant \left(\frac{A(n-1)}{H(n-1)}\right)^{n-1} \geqslant \cdots \geqslant \left(\frac{A(2)}{H(2)}\right)^2 \geqslant 1$$

可以证明这个不等式的确成立, 通常称之为 Popovic 不等式.

离散与连续之间的类比是常见的另一种类比关系. 像离散型的 Cauchy-Schwarz 不等式、Hölder 不等式、Minkowski 不等式等都可以有相应的连续型的积分不等式. 另外, 微分方程与差分方程也是一对常见的类比关系.

例 3.10　与 L'Hospital 法则的类比. L'Hospital 法则在 $\dfrac{0}{0}$ 型和 $\dfrac{\infty}{\infty}$ 型不定型极限的计算中非常有效和方便, 教科书中都是针对连续变量的命题, 下面的几个 Stolz 定理就是这种连续与离散类比的结果, 它们在求某些数列极限时特别方便.

Stolz 定理 1　设当 $n \to \infty$ 时有 $a_n \to 0$, 并且 b_n 单调下降趋于 0. 如果极限 $\lim\limits_{n \to \infty} \dfrac{a_n - a_{n+1}}{b_n - b_{n+1}}$ 存在或为 ∞, 则 $\lim\limits_{n \to \infty} \dfrac{a_n}{b_n}$ 也存在或为 ∞, 并且

$$\lim_{n \to \infty} \frac{a_n}{b_n} = \lim_{n \to \infty} \frac{a_n - a_{n+1}}{b_n - b_{n+1}}$$

Stolz 定理 2　设当 $n \to \infty$ 时, b_n 单调上升且趋于无穷大. 如果 $\lim\limits_{n \to \infty} \dfrac{a_{n+1} - a_n}{b_{n+1} - b_n}$ 存在或为 ∞, 则 $\lim\limits_{n \to \infty} \dfrac{a_n}{b_n}$ 也存在或为 ∞, 并且

$$\lim_{n \to \infty} \frac{a_n}{b_n} = \lim_{n \to \infty} \frac{a_{n+1} - a_n}{b_{n+1} - b_n}$$

Stolz 定理还可以推广到更一般的形式, 如可参见文献 [6].

习题 8　完成表 3.4 中的类比.

表 3.4　不同分割方式的类比

点分割直线	$S_1(n) = n + 1$	点分割圆周	$T_1(n) = n$
直线分割平面	$S_2(n) = \dfrac{n^2 + n + 2}{2}$	圆周分割平面	$T_2(n) =?$
平面分割空间	$S_3(n) = \dfrac{n^3 + 5n + 6}{6}$	球面分割空间	$T_3(n) =?$

还能有更一般的推广吗?

例 3.11　代数方程求解的置换观点[5]. 对二次方程 $ax^2 + bx + c = 0$, 已经知道方程的两根满足 $x_1 + x_2 = -b/a$, 为了求得 x_1, x_2 的值, 关键是要求出多项式 $\psi = x_1 - x_2$ 的值, 或者 $\psi = x_2 - x_1$ 或者对称多项式 $(x_1 - x_2)^2$ 的值. 这里 ψ 中的两个系数分别是 1 和 -1, 正好是 $x^2 - 1 = 0$ 的两个根. 由于

$$(x_1 - x_2)^2 = (x_1 + x_2)^2 - 4x_1 x_2$$

所以多项式 $\psi = x_1 - x_2$ 可以用方程的系数表示, 进而两根 x_1, x_2 可以用方程的系数表示.

设首 1 化三次方程

$$x^3 + px^2 + qx + r = 0 \tag{3.9}$$

的根为 x_1, x_2, x_3, 由根与系数的关系有 $x_1 + x_2 + x_3 = -p$. 为了求得三次方程 (3.9) 的各个根, 关键是能够求出根的某些线性组合的值. 与 $x^2 - 1 = 0$ 类比, 该线性组合的系数应该为 $x^3 - 1 = 0$ 的三个根, 即

$$1, \quad \omega, \quad \omega^2$$

其中

$$\omega = \frac{-1 + \mathrm{i}\sqrt{3}}{2}$$

因此, 与 $\psi = x_1 - x_2$ 作用相当的多项式可取为

$$\psi_1 = x_1 + \omega x_2 + \omega^2 x_3$$
$$\psi_2 = x_1 + \omega^2 x_2 + \omega x_3$$

只要 ψ_1, ψ_2 已知, 解线性方程组即可得到 x_1, x_2, x_3 的值为

$$\begin{cases} x_1 = \dfrac{1}{3}(-p + \psi_1 + \psi_2) \\[2mm] x_2 = \dfrac{1}{3}(-p + \omega^2\psi_1 + \omega\,\psi_2) \\[2mm] x_3 = \dfrac{1}{3}(-p + \omega\,\psi_1 + \omega^2\psi_2) \end{cases} \tag{3.10}$$

为了求得利用方程的系数计算出来的 ψ_1 和 ψ_2, 类似于研究二次方程需要计算 $(x_1 - x_2)^2$, 下面来计算 ψ_1^3 和 ψ_2^3. 利用根与系数的关系, 直接计算可得

$$\begin{aligned} \psi_1^3 + \psi_2^3 &= (-x_2 + 2x_1 - x_3)(x_2 + x_1 - 2x_3)(-2x_2 + x_1 + x_3) \\ &= (3x_1 + p)(-p - 3x_2)(-p - 3x_3) \\ &= 3p^2(x_1 + x_2 + x_3) + 9(x_1 p x_3 + x_1 x_2 + x_2 x_3) + 27 x_1 x_2 x_3 + p^3 \\ &= -2p^3 + 9pq - 27r \\ \psi_1^3 \cdot \psi_2^3 &= (x_1^2 - x_1 x_2 - x_1 x_3 + x_2^2 - x_2 x_3 + x_3^2)^3 = (p^2 - 3q)^3 \end{aligned}$$

这表明

$$\begin{cases} \psi_1^3 + \psi_2^3 = -2p^3 + 9pq - 27r \\ \psi_1^3 \psi_2^3 = (p^2 - 3q)^3 \end{cases} \tag{3.11}$$

因此, ψ_1^3 和 ψ_2^3 是二次方程

$$x^2 - (-2p^3 + 9pq - 27r)x + (p^2 - 3q)^3 = 0 \tag{3.12}$$

的根, 于是有

$$\psi_1^3,\ \psi_2^3 = \frac{-2p^3 + 9pq - 27r \pm \sqrt{(-2p^3 + 9pq - 27r)^2 - 4(p^2 - 3q)^3}}{2} \tag{3.13}$$

方程的三个根在 ψ_1, ψ_2 的表示中具有特殊性, 但这种特殊性不应影响求解过程与结果. 实际上, 将 x_1, x_2, x_3 轮换, 共可以得到 6 个类似的多项式, 除 ψ_1, ψ_2 外, 还有下面 4 个:

$$\psi_3 = x_2 + \omega\, x_3 + \omega^2\, x_1$$
$$\psi_4 = x_2 + \omega\, x_1 + \omega^2\, x_3$$
$$\psi_5 = x_3 + \omega\, x_2 + \omega^2\, x_1$$
$$\psi_6 = x_3 + \omega\, x_1 + \omega^2\, x_2$$

并且满足 $\psi_3 = \omega^2\psi_1$, $\psi_4 = \omega\psi_2$, $\psi_5 = \omega^2\psi_2$, $\psi_6 = \omega\psi_1$. 求出 $\psi_i\ (i = 1, 2, \cdots, 6)$ 中的任何两个, 和条件 $x_1 + x_2 + x_3 = -p$ 一起得到关于 x_1, x_2, x_3 的三个线性方程, 解之即得到三次方程 (3.9) 的三个解.

从上面的分析认识到, 关于 x_1, x_2, x_3 的多项式

$$z = \frac{1}{3}(x_1 + \omega\, x_2 + \omega^2\, x_3)$$

在全部 6 个置换下得到 6 个不同的表达式, 经计算知, 它们是 Cardano 变换后的六次方程

$$z^6 + qz^3 - \frac{p^3}{27} = 0$$

的 6 个根. 而

$$z^3 = \frac{1}{27}(x_1 + \omega\, x_2 + \omega^2\, x_3)^3$$

在全部 6 个置换下只有两个不同的表达式, 是一个二次方程的两个根.

对任何首 1 化的四次代数方程

$$x^4 + ax^3 + bx^2 + cx + d = 0 \tag{3.14}$$

因为 $x^4 - 1 = 0$ 的 4 个根是 1, -1, i, $-$i, 所以和前述 ψ_1 作用相当的多项式可取为

$$\phi_1 = x_1 - x_2 + \mathrm{i}\, x_3 - \mathrm{i}\, x_4$$

对 x_1, x_2, x_3, x_4 进行轮换, 得到的结果较多, 处理起来比较麻烦. 可以取更简单的形式

$$\phi_1 = x_1 + x_2 - x_3 - x_4$$

对 x_1, x_2, x_3, x_4 进行轮换, 得到的结果只有如下 6 种:

$$\begin{cases} \phi_1 = x_1 + x_2 - x_3 - x_4 \\ \phi_2 = -x_1 - x_2 + x_3 + x_4 = -\phi_1 \\ \phi_3 = x_1 + x_3 - x_2 - x_4 \\ \phi_4 = -x_1 + x_2 - x_3 + x_4 = -\phi_3 \\ \phi_5 = x_1 + x_4 - x_2 - x_3 \\ \phi_6 = -x_1 + x_2 + x_3 - x_4 = -\phi_5 \end{cases}$$

这样, 方程 $(x - \phi_1)(x - \phi_2)(x - \phi_3)(x - \phi_4)(x - \phi_5)(x - \phi_6) = 0$, 即

$$(x^2 - \phi_1^2)(x^2 - \phi_3^2)(x^2 - \phi_5^2) = 0 \tag{3.15}$$

对所有 x_1, x_2, x_3, x_4 进行轮换均保持不变. 因此, 方程展开后各系数皆是根的对称多项式, 从而都可以用 a, b, c, d 表示, 也就是说, 方程 (3.15) 的系数是已知的. 该方程是关于 x^2 的三次方程, 利用 Cardano 方法可求出所有解.

由于 ϕ_1, ϕ_3, ϕ_5 可由原方程的系数表示, 所以由

$$\begin{cases} \phi_1 = x_1 + x_2 - x_3 - x_4 \\ \phi_3 = x_1 + x_3 - x_2 - x_4 \\ \phi_5 = x_1 + x_4 - x_2 - x_3 \\ -a = x_1 + x_2 + x_3 + x_4 \end{cases} \tag{3.16}$$

即可求得原方程的解如下:

$$\begin{cases} x_1 = \dfrac{1}{4}(-a + \phi_1 + \phi_3 + \phi_5) \\ x_2 = \dfrac{1}{4}(-a + \phi_1 - \phi_3 - \phi_5) \\ x_3 = \dfrac{1}{4}(-a - \phi_1 + \phi_3 - \phi_5) \\ x_4 = \dfrac{1}{4}(-a - \phi_1 - \phi_3 + \phi_5) \end{cases} \tag{3.17}$$

总之, 按照 Lagrange 的置换思想, 在三次方程和四次方程的求解过程中, 关键在于引入原方程根的恰当形式的多项式, 如 $z = \dfrac{1}{3}(x_1 + \omega x_2 + \omega^2 x_3)$, $\phi = x_1 + x_2 - x_3 - x_4$, 它们在全部根的置换下取不同的值, 利用这些值构造一个系数为原方程系数的多项式的方程, 它的解可以利用代数方法求出来, 然后再利用这些不同的值求出原方程的根.

3.3　归纳法与类比法的局限性

在这里, 需要强调的是前面讨论的归纳推理 (不完全归纳法) 和类比推理都是由部分信息去推测一般性结论, 无论有多少数据或特例支持这个结论, 该结论始终只是一个猜想, 不能算是证明. 另外, 需要注意的是, 由归纳法和类比法得到的结论可能是错误的. 例如, 在实数域上将 $x^n - 1$ 分解为不可约多项式的乘积, 从简单的情形开始有

$$x^2 - 1 = (x-1)(x+1)$$
$$x^3 - 1 = (x-1)(x^2 + x + 1)$$
$$x^4 - 1 = (x-1)(x+1)(x^2 + 1)$$
$$x^5 - 1 = (x-1)(x^4 + x^3 + x^2 + x + 1)$$
$$x^6 - 1 = (x-1)(x+1)(x^2 + x + 1)(x^2 - x + 1)$$
$$x^7 - 1 = (x-1)(x^6 + x^5 + x^4 + x^3 + x^2 + x + 1)$$
$$x^8 - 1 = (x-1)(x+1)(x^2 + 1)(x^4 + 1)$$
$$x^9 - 1 = (x-1)(x^2 + x + 1)(x^6 + x^3 + 1)$$
$$x^{10} - 1 = (x-1)(x+1)(x^4 + x^3 + x^2 + x + 1)(x^4 - x^3 + x^2 - x + 1)$$
$$\cdots\cdots$$

可以看出, 上述各不可约因式的系数全都是 1 或 -1. 因此, 猜想对所有 n, $x^n - 1$ 的所有 (在实数范围内) 不可约因式的系数都是 1 或 -1. 只要有耐心继续算下去就可以发现, 直到 $n = 104$, 这个结论还是对的, 但是 $x^{105} - 1$ 中有一个次数为 48 的不可约多项式因式,

$$x^{105} - 1$$
$$= (x-1)(x^2 + x + 1)(x^4 + x^3 + x^2 + x + 1)(x^6 + x^5 + x^4 + x^3 + x^2 + x + 1)$$
$$\cdot (x^8 - x^7 + x^5 - x^4 + x^3 - x + 1)(x^{12} - x^{11} + x^9 - x^8 + x^6 - x^4 + x^3 - x + 1)$$
$$\cdot (x^{24} - x^{23} + x^{19} - x^{18} + x^{17} - x^{16} + x^{14} - x^{13} + x^{12} - x^{11} + x^{10} - x^8$$
$$+ x^7 - x^6 + x^5 - x + 1)(x^{48} + x^{47} + x^{46} - x^{43} - x^{42} - \mathbf{2}x^{41} - x^{40} - x^{39}$$
$$+ x^{36} + x^{35} + x^{34} + x^{33} + x^{32} + x^{31} - x^{28} - x^{26} - x^{24} - x^{22} - x^{20} + x^{17}$$
$$+ x^{16} + x^{15} + x^{14} + x^{13} + x^{12} - x^9 - x^8 - \mathbf{2}x^7 - x^6 - x^5 + x^2 + x + 1)$$

其中 x^{41} 和 x^7 的系数是 -2. 这就否定了猜想.

应用类比法来求长半轴和短半轴分别是 a 和 b 的椭圆周长. 首先考察它的特例: 一个圆和它的外接正方形, 它们的面积之比和周长之比都是 $\pi/4$,

$$\frac{\pi r^2}{4r^2} = \frac{\pi}{4}, \quad \frac{2\pi r}{8r} = \frac{\pi}{4}$$

椭圆和它的外接长方形的面积之比也是

$$\frac{\pi ab}{4ab} = \frac{\pi}{4}$$

因此, 猜想椭圆和它的外接长方形的周长之比是 $\pi/4$. 又椭圆的外接长方形的周长是 $4(a+b)$, 从而椭圆的周长是

$$\frac{\pi}{4} \cdot 4(a+b) = \pi(a+b)$$

特别地, 当 $a = b$ 时, 此结论和圆的周长是一致的. 但实际上, 椭圆周长的计算远非如此简单, 要用所谓的椭圆积分来表示, 根本就没有简洁的计算公式. 因此, 类比法导出的椭圆周长公式是错误的.

尽管如此, 绝不能低估归纳法和类比法在科学发现中的作用, 而应该充分利用这些方法去思考问题, 去作出新的发现, 并进一步用严格的数学理论去证明它.

第 4 章

化归简单情形

所谓简单情形就是表述形式简单, 或求解过程容易, 或答案简单的数学对象. 在解决数学问题时, 常常会将待求解的问题经过某种方法或手段化为另一个更易于解决的问题, 通过对后者的解决得到原问题的解答, 其一般模式如图 4.1 所示.

图 4.1　化归的一般模式

这是由复杂到简单、由一般向特殊的转化. 这样的过程也许需要多步, 如果问题 B 不是足够简单的, 那就再将其简单化, 直至简化成已经能够解决或比较容易解决的问题. 在有些情况下, 还要将问题分解为若干个小问题, 分别解之, 然后再按照一定的规则组合得到原问题的解答 (图 4.2).

图 4.2　分解与组合的一般模式

简单情形在思考数学问题时特别有用, 因此对于具体的问题, 如何将复杂问题化为简单问题, 如何把复杂问题和简单问题联系起来, 这是解决问题的关键. 能否找到成为解决问题的基础的 "恰当的简单情形" 依赖于知识和经验的积累, 依赖于对问题的深入观察和联想, 以及对其本质的正确把握. 简单又是相对的, 对不同问题或在不同场合, 简单的意义可以有所不同.

4.1 以特殊的研究对象为简单情形

例 4.1 对矩阵 $M = [m_{ij}]_{n \times n}$, 定义 $\mathrm{Tr}(M) = m_{11} + m_{22} + \cdots + m_{nn}$. 如果 A 和 B 是同阶的实对称矩阵, 那么

$$\mathrm{Tr}(ABAB) \leqslant \mathrm{Tr}(A^2 B^2)$$

(莫斯科大学数学竞赛题, 1975)

从简单的情形做起. 但什么是简单的呢? 对矩阵来说, 对角矩阵是简单的, 三角形矩阵是简单的, 二阶矩阵比三阶矩阵简单, 三阶矩阵比四阶矩阵简单 …… 如果 A 和 B 都是对角矩阵, 那么要证明的不等式退化为等式, 显然是成立的. 因此, 仅假设 A 是对角矩阵,

$$A = \mathrm{diag}(\lambda_1, \lambda_2, \cdots, \lambda_n), \quad B = [b_{ij}]_{n \times n}, \ b_{ij} = b_{ji}$$

那么

$$\mathrm{Tr}(ABAB) = \sum_{i,j=1}^{n} \lambda_i \lambda_j b_{ij} b_{ji} = \sum_{i=1}^{n} \lambda_i^2 b_{ii}^2 + 2 \sum_{1 \leqslant i < j \leqslant n} \lambda_i \lambda_j b_{ij}^2$$

$$\mathrm{Tr}(A^2 B^2) = \sum_{i,j=1}^{n} \lambda_i^2 b_{ij} b_{ji} = \sum_{i=1}^{n} \lambda_i^2 b_{ii}^2 + \sum_{1 \leqslant i < j \leqslant n} (\lambda_i^2 + \lambda_j^2) b_{ij}^2$$

因此,

$$\mathrm{Tr}(ABAB) - \mathrm{Tr}(A^2 B^2) = - \sum_{1 \leqslant i < j \leqslant n} (\lambda_i - \lambda_j)^2 b_{ij}^2 \leqslant 0$$

这表明当 A 为对角矩阵时, 不等式是正确的.

当 A 是一般的实对称矩阵时, 必存在可逆矩阵 P, 使得

$$P^{-1} A P = \mathrm{diag}(\lambda_1, \lambda_2, \cdots, \lambda_n)$$

记 $\tilde{A} = P^{-1} A P$, $\tilde{B} = P^{-1} B P$, 那么前面已经证明了不等式 $\mathrm{Tr}(\tilde{A} \tilde{B} \tilde{A} \tilde{B}) \leqslant \mathrm{Tr}(\tilde{A}^2 \tilde{B}^2)$. 由于 $\mathrm{Tr}(M) = \mathrm{Tr}(P^{-1} M P)$,

$$\mathrm{Tr}(ABAB) = \mathrm{Tr}(\tilde{A} \tilde{B} \tilde{A} \tilde{B}) \leqslant \mathrm{Tr}(\tilde{A}^2 \tilde{B}^2) = \mathrm{Tr}(A^2 B^2)$$

如果上面的多重求和不太容易掌握, 则也可以先从低阶简单矩阵对应的式子找出 $\mathrm{Tr}(ABAB) - \mathrm{Tr}(A^2 B^2)$ 的规律性表示而获得问题的解决.

例 4.2　设 $A \in \mathbb{R}^{n \times n}$, 而 $f(\lambda) = \det(\lambda I - A)$ 为其特征多项式, 其中 I 为单位矩阵, 则 $f(A) = 0$.

这是 **Hamilton-Cayley 定理**, 在任何一本矩阵理论的教材中都有证明. 为了更好地理解这一定理, 采用另一种思路来说明. 先从简单的做起. 考察 A 是对角矩阵的情形,

$$A = \mathrm{diag}(\lambda_1, \lambda_2, \cdots, \lambda_n)$$

此时, 直接计算可知

$$f(A) = \mathrm{diag}(f(\lambda_1), f(\lambda_2), \cdots, f(\lambda_n)) = 0$$

其次, 如果矩阵 A 是可对角化的, 则存在可逆矩阵 P, 使得

$$P^{-1}AP = \mathrm{diag}(\lambda_1, \lambda_2, \cdots, \lambda_n)$$

那么

$$P^{-1}f(A)P = f(P^{-1}AP) = \mathrm{diag}(f(\lambda_1), f(\lambda_2), \cdots, f(\lambda_n)) = 0$$

因而 $f(A) = 0$. 问题是存在大量的实矩阵, 它们是不可对角化的, 只能各自和一个 Jordan 矩阵相似, 这时结论还成立吗?

还是从简单的做起. Jordan 矩阵是由若干个 Jordan 块组成的, 因此, 不妨先看看低阶 Jordan 块的情形. 以四阶 Jordan 块为例,

$$A = \begin{bmatrix} \mu & 1 & 0 & 0 \\ 0 & \mu & 1 & 0 \\ 0 & 0 & \mu & 1 \\ 0 & 0 & 0 & \mu \end{bmatrix}$$

则其特征多项式为

$$f(\lambda) = \lambda^4 - 4\mu\lambda^3 + 6\mu^2\lambda^2 - 4\mu^3\lambda + \mu^4$$

满足 $f(\mu) = 0$, $f'(\mu) = 0$, $f''(\mu) = 0$, $f'''(\mu) = 0$. 因此,

$$f(A) = \begin{bmatrix} f(\mu) & f'(\mu) & f''(\mu) & f'''(\mu) \\ 0 & f(\mu) & f'(\mu) & f''(\mu) \\ 0 & 0 & f(\mu) & f'(\mu) \\ 0 & 0 & 0 & f(\mu) \end{bmatrix} = 0$$

这个特例的结果告诉我们, 对应于一般的 k 阶 Jordan 块 A, $f(A)$ 的对角线上的元素都是特征多项式在该特征值处的值, 然后依次是在该特征值处的一阶导数值、

二阶导数值, 一直到 k 阶导数值, 自然都应该为零, 从而当 A 是 Jordan 矩阵时, $f(A) = 0$ 也成立.

在一般情形下, 存在可逆矩阵 P 使 $P^{-1}AP$ 为 Jordan 矩阵, 那么 $P^{-1}f(A)P = f(P^{-1}AP) = 0$, 因而也有 $f(A) = 0$.

在例 4.1 和例 4.2 中, 都是选取一种特殊的研究对象作为基础, 而一般情形需要经过一定的方式方法转化为这种简单的情形, 并利用简单情形的结论解决问题.

例 4.3 设有实数 $x_1, x_2, \cdots, x_n$ 和 $y_1, y_2, \cdots, y_n$, 并且 $p > 1$, $\frac{1}{p} + \frac{1}{q} = 1$, 则有 Hölder 不等式

$$\sum_{i=1}^{n} |x_i y_i| \leqslant \left(\sum_{i=1}^{n} |x_i|^p \right)^{1/p} \left(\sum_{i=1}^{n} |y_i|^q \right)^{1/q}$$

这个不等式在第 1 章中已经证明过. 下面换一种思路, 还是从简单的做起. 和前面的情况不一样, 这里应该选特殊的 n 或 p, 还是应该选特殊的 x_i, y_i? 似乎难以判断到底应该选择何种简单情况作为解题的基础.

如果选 $n = 2$ 作为简单情况, 则相应的不等式的证明和一般情形的证明在难度上没有本质性的差异;

如果选 p, 有一种情况 $p = 2$ 是非常熟悉的, 即著名的 Cauchy-Schwarz 不等式, 其证明有多种. 例如, 对任何实数 λ, 因为

$$\left(\sum_{i=1}^{n} |x_i|^2 \right) \lambda^2 + 2 \left(\sum_{i=1}^{n} |x_i y_i| \right) \lambda + \left(\sum_{i=1}^{n} |y_i|^2 \right) = \sum_{i=1}^{n} (\lambda |x_i| + |y_i|)^2 \geqslant 0$$

所以这个二次多项式的判别式不能大于零,

$$\left(\sum_{i=1}^{n} |x_i y_i| \right)^2 - \left(\sum_{i=1}^{n} |x_i|^2 \right) \left(\sum_{i=1}^{n} |y_i|^2 \right) \leqslant 0$$

这种简单对一般情形的处理似乎没有明显的启示作用. 另一种简单是极端情况 $p = 1$, $q = +\infty$, 注意到

$$\lim_{q \to +\infty} \left(\sum_{i=1}^{n} |y_i|^q \right)^{1/q} = \max_{1 \leqslant i \leqslant n} |y_i|$$

此时, 要证明的不等式是

$$\sum_{i=1}^{n} |x_i y_i| \leqslant \max_{1 \leqslant i \leqslant n} |y_i| \cdot \sum_{i=1}^{n} |x_i|$$

此不等式也是对的. 其他的特例似乎不太好找, 也不容易把一般情形转换为这两种特殊情况或者利用其结论.

还有一种选择是令 x_i, y_i 取特殊形式的值, 使得要证的不等式在形式上尽可能简单. 这时, 可取 y_i, 使得

$$\sum_{i=1}^{n} |y_i|^q = 1$$

从而原不等式化为

$$\sum_{i=1}^{n} |x_i y_i| \leqslant \left(\sum_{i=1}^{n} |x_i|^p \right)^{1/p}$$

此时, 由于右端和 y_i 无关, 所以要证明的就是当各 y_i 变化时, $\displaystyle\sum_{i=1}^{n} |x_i y_i|$ 以 $\left(\displaystyle\sum_{i=1}^{n} |x_i|^p \right)^{1/p}$ 为最大值, 这是典型的条件极值问题:

$$\max_{1 \leqslant i \leqslant n} \sum_{i=1}^{n} |x_i y_i|$$
$$\text{s.t.} \quad \sum_{i=1}^{n} |y_i|^q = 1 \tag{4.1}$$

不妨设各 $x_i, y_i \geqslant 0$, 利用 Lagrange 乘数法, 作 Lagrange 函数

$$L(y_1, y_2, \cdots, y_n; \lambda) = \sum_{i=1}^{n} x_i y_i + \lambda \left(\sum_{i=1}^{n} y_i^q - 1 \right)$$

由取极值的必要条件

$$\frac{\partial L}{\partial y_i} = 0, \quad i = 1, 2, \cdots, n$$

也就是

$$x_i + \lambda q y_i^{q-1} = 0, \quad i = 1, 2, \cdots, n$$

因此, $(-\lambda q)^p \cdot y_i^q = x_i^p$. 再利用限制条件 $\displaystyle\sum_{i=1}^{n} y_i^q = 1$ 得 $(-\lambda q)^p = \displaystyle\sum_{i=1}^{n} x_i^p$, 所以有

$$\sum_{i=1}^{n} x_i y_i = -\lambda q = \left(\sum_{i=1}^{n} x_i^p \right)^{1/p}$$

进一步可验证所求条件极值 $\left(\displaystyle\sum_{i=1}^{n} |x_i|^p \right)^{1/p}$ 为最大值.

在一般情况下, 记

$$z_i = \frac{|y_i|}{\left(\displaystyle\sum_{i=1}^{n} |y_i|^q \right)^{1/q}}$$

则 $\sum\limits_{i=1}^{n} z_i^q = 1$. 因此,

$$\frac{\sum\limits_{i=1}^{n}|x_iy_i|}{\left(\sum\limits_{i=1}^{n}|y_i|^q\right)^{1/q}} = \sum_{i=1}^{n}|x_i|z_i \leqslant \left(\sum_{i=1}^{n}|x_i|^p\right)^{1/p}$$

整理即得 Hölder 不等式. 这表明不是任何简单情形都可以成为解题的基础而完成向一般情形的转化, 需要选择那些确实有代表性又易于处理的简单情形.

上面的解题过程还包含了其他重要思想和结论, 如上面得到的条件极值的结论

$$\left(\sum_{i=1}^{n}|x_i|^p\right)^{1/p} = \max_{\substack{1\leqslant i\leqslant n \\ \sum\limits_{i=1}^{n}|y_i|^q=1,\ |y_i|\geqslant 0}} \sum_{i=1}^{n}|x_iy_i| \tag{4.2}$$

还可用来证明其他命题. 例如,

$$\left(\sum_{i=1}^{n}(|x_i|+|y_i|)^p\right)^{1/p}$$

$$= \max_{\substack{1\leqslant i\leqslant n \\ \sum\limits_{i=1}^{n}z_i^q=1,\ z_i\geqslant 0}} \sum_{i=1}^{n}(|x_i|+|y_i|)z_i$$

$$\leqslant \max_{\substack{1\leqslant i\leqslant n \\ \sum\limits_{i=1}^{n}z_i^q=1,\ z_i\geqslant 0}} \sum_{i=1}^{n}|x_i|z_i + \max_{\substack{1\leqslant i\leqslant n \\ \sum\limits_{i=1}^{n}z_i^q=1,\ z_i\geqslant 0}} \sum_{i=1}^{n}|y_i|z_i$$

$$= \left(\sum_{i=1}^{n}|x_i|^p\right)^{1/p} + \left(\sum_{i=1}^{n}|y_i|^p\right)^{1/p}$$

这就是著名的 Minkowski 不等式. 类似的极值表示还有很多, 有兴趣的读者不妨找找看并加以应用, 可参见文献 [7].

例 4.4 将正整数 n 的所有正约数的和记为 $\sigma(n)$, 试求出 $\sigma(n)$ 的一个表达式.

从简单的情形做起. 直接计算有

$$\sigma(1)=1, \quad \sigma(2)=3, \quad \sigma(3)=4, \quad \sigma(4)=7, \quad \sigma(5)=6, \quad \sigma(6)=12, \quad \sigma(7)=8$$

结果或大或小, 难以看出数列的变化规律. 因此, 将单个数作为简单情形来研究不可取, 尝试特殊的一类数来计算.

假设 p 是素数, 则 $\sigma(p) = 1 + p$. 进一步, 如果 $n = p^m$, 则所有的正约数为 $1, p, p^2, \cdots, p^m$. 因此,

$$\sigma(n) = 1 + p + p^2 + \cdots + p^m = \frac{1 - p^{m+1}}{1 - p}$$

如果 p_1 和 p_2 是两个素数且 $n = p_1^{m_1} p_2^{m_2}$, 则此时, n 所有的正约数有 $(m_1 + 1) \times (m_2 + 1)$ 个, 分别是

$$
\begin{array}{ccccc}
1, & p_1, & p_1^2, & \cdots, & p_1^{m_1} \\
p_2, & p_2 p_1, & p_2 p_1^2, & \cdots, & p_2 p_1^{m_1} \\
p_2^2, & p_2^2 p_1, & p_2^2 p_1^2, & \cdots, & p_2^2 p_1^{m_1} \\
\vdots & \vdots & \vdots & & \vdots \\
p_2^{m_2}, & p_2^{m_2} p_1, & p_2^{m_2} p_1^2, & \cdots, & p_2^{m_2} p_1^{m_1}
\end{array}
$$

它们的和就是 $\sigma(p_1^{m_1} p_2^{m_2})$, 等于

$$(1 + p_1 + p_1^2 + \cdots + p_1^{m_1}) \cdot (1 + p_2 + p_2^2 + \cdots + p_2^{m_2}) = \frac{1 - p_1^{m_1+1}}{1 - p_1} \cdot \frac{1 - p_2^{m_2+1}}{1 - p_2}$$

有了上面的经验, 利用数学归纳法容易证明

$$\sigma(p_1^{m_1} p_2^{m_2} \cdots p_k^{m_k})$$
$$= (1 + p_1 + p_1^2 + \cdots + p_1^{m_1})(1 + p_2 + p_2^2 + \cdots + p_2^{m_1}) \cdots (1 + p_k + p_k^2 + \cdots + p_k^{m_k})$$
$$= \frac{1 - p_1^{m_1+1}}{1 - p_1} \cdot \frac{1 - p_2^{m_2+1}}{1 - p_2} \cdots \frac{1 - p_k^{m_k+1}}{1 - p_k}$$

习题 9 函数 $f(n)$ 对一切正整数 $n > 1$ 有定义, 并且满足如下条件:

(1) 当 p 为素数时, $f(p) = p$,

(2) 对一切正整数 $u, v\,(u > 1, v > 1)$ 满足 $uf(v) + vf(u) = f(uv)$,

求 $f(n)$.

4.2 以极端的情况作为简单情形

数量小、几何结构简单等对应的情况通常是简单的. 在许多情况下, 极端情况也是简单而容易讨论的. 例如, 我国有一古代名题 —— 和尚分馒头, 内容如下: 100 个和尚分 100 个馒头, 大和尚一人分三个馒头, 小和尚三人分一个馒头, 问大和尚和小和尚分别为多少人? 有一种解法就是利用极端情形: 假如所有的和尚都是大和尚, 那么需要 300 个馒头, 但实际上只有 100 个馒头, 多出来的 200 个馒头是把其中的小和尚作为大和尚计算, 而把一个小和尚当成大和尚, 则多计算了 $3 - 1/3 = 8/3$

个馒头, 因此, 小和尚的人数是 $200 \div (8/3) = 75$, 从而大和尚是 25 人. 在证明微分中值定理中的 Rolle 定理时体现的也是这种思想: 从结论出发, 要证明的结论是存在中值 ξ 满足 $f'(\xi) = 0$, 其中的 0 是个特殊值, 既然导数值特殊, 可以想象相应的函数值也应该很特殊. 沿着这种思路容易联想到极值或最值, 进而很容易证明 Rolle 定理.

数学中有许多结论对应极端情形. 例如, 周长一定的封闭曲线所围的区域面积以圆的面积最大, 面积相等的图形以圆的周长最小. 对这一类问题的处理步骤是先把极端情况对应的数学量找出来, 然后通过调整逐步向极端情形靠拢.

例 4.5 证明算术–几何平均值不等式. 设 $x_i > 0 (i = 1, \cdots, n)$, 则

$$\frac{x_1 + x_2 + \cdots + x_n}{n} \geqslant \sqrt[n]{x_1 x_2 \cdots x_n}$$

不妨假设算术平均值为 A, 即 $x_1 + x_2 + \cdots + x_n = nA$, 那么要证明的结论是

$$x_1 x_2 \cdots x_n \leqslant A^n$$

在极端的情形, 即当 $x_1 = x_2 = \cdots = x_n$ 时, 不等式中的等号成立. 要证明在不全等的情形下, 其中的严格不等式成立. 直接计算知道, 当 $n = 2$ 时, 结论是成立的.

当 $n = 3$ 时, 如果 x_1, x_2, x_3 不全等, 那么必有两项, 一个大于平均值, 另一个小于平均值, 不妨设 $x_1 < A < x_2$. 构造一组新的数

$$x_1^{(1)} = A, \quad x_2^{(1)} = x_1 + x_2 - A, \quad x_3^{(1)} = x_3$$

满足 $x_1^{(1)} + x_2^{(1)} + x_3^{(1)} = x_1 + x_2 + x_3 = 3A$. 因为

$$x_1^{(1)} x_2^{(1)} - x_1 x_2 = A(x_1 + x_2 - A) - x_1 x_2 = (A - x_1)(x_2 - A) > 0$$

所以 $x_1^{(1)} x_2^{(1)} x_3^{(1)} > x_1 x_2 x_3$, 这样得到的 $x_1^{(1)}, x_2^{(1)}, x_3^{(1)}$ 如果全等, 则命题得到证明; 如果不全等, 则构造三个全等的数

$$x_1^{(2)} = x_1^{(1)} (= A), \quad x_2^{(2)} = A, \quad x_3^{(2)} = x_2^{(1)} + x_3^{(1)} - A (= A)$$

那么 $x_1^{(2)} + x_2^{(2)} + x_3^{(2)} = x_1^{(1)} + x_2^{(1)} + x_3^{(1)} = 3A$, 并且

$$x_1 x_2 x_3 \leqslant x_1^{(1)} x_2^{(1)} x_3^{(1)} \leqslant x_1^{(2)} x_2^{(2)} x_3^{(2)} \leqslant A^3$$

这个证明其实就是前面所提到的爬坡式推理: 以一种简单情形 (各数全等) 为基础, 对不全等的三个数在保持和数不变的条件下, 每次调整其中的两个数, 经过两次调整后, 三个数就全等了, 在每次调整的过程中, 三个数的乘积是增加的, 从而证明了命题.

有了这种经验, 对 n 个元的情形也就不难了, 只要经过 $n-1$ 次这样的调整, 各个数就变为全等了, 从而

$$x_1 x_2 \cdots x_n \leqslant x_1^{(1)} x_2^{(1)} \cdots x_n^{(1)} \leqslant \cdots \leqslant x_1^{(n-1)} x_2^{(n-1)} \cdots x_n^{(n-1)} \leqslant A^n$$

例 4.6　已知 $a, b, c, d, e \in \mathbb{R}$, 满足

$$a + b + c + d + e = 8, \quad a^2 + b^2 + c^2 + d^2 + e^2 = 16$$

求 e 的最大值.

显然, e 的值依赖于 a, b, c, d 的值. 先来估计一下最大值应该取什么值. 由于题目条件关于 a, b, c, d 是对称的, 因此, 当 e 取最大值时, a, b, c, d 的取值不存在什么特殊性. 因此, 可考虑一种极端情况: $a = b = c = d$, 此时

$$4a + e = 8, \quad 4a^2 + e^2 = 16$$

故有 $4e^2 + (8-e)^2 = 64$, 解之得 $e = 0, 16/5$. 因此, e 的最大值应为 $16/5$.

为了证明这个结论, 解除极端的限制. 令

$$a = \frac{8-e}{4} + r_1, \quad b = \frac{8-e}{4} + r_2, \quad c = \frac{8-e}{4} + r_3, \quad d = \frac{8-e}{4} + r_4$$

则 $r_1 + r_2 + r_3 + r_4 = 0$. 利用第二个条件得

$$4\left(\frac{8-e}{4}\right)^2 + e^2 + r_1^2 + r_2^2 + r_3^2 + r_4^2 = 16$$

因此有

$$4\left(\frac{8-e}{4}\right)^2 + e^2 \leqslant 16$$

解之得 $0 \leqslant e \leqslant 16/5$, 这表明 e 的最大值为 $16/5$.

当然, 也可以作这样的联想: 要求出 e 的最大值, 可先想办法得到一个仅含 e 的不等式, 通过解这个不等式来求得最大值. 而在要找的不等式中, 要同时利用 $a+b+c+d$ 和 $a^2+b^2+c^2+d^2$ 的值, 自然可以联想到 Cauchy 不等式

$$(a+b+c+d)^2 \leqslant (a^2+b^2+c^2+d^2)(1^2+1^2+1^2+1^2)$$

这样有

$$(8-e)^2 \leqslant 4(16-e^2)$$

从而求得 e 的最大值为 $16/5$.

这个问题可以一般化. 已知实数 $x_1, x_2, \cdots, x_n$ 满足

$$x_1 + x_2 + \cdots + x_n = L, \quad x_1^2 + x_2^2 + \cdots + x_n^2 = M$$

如果要求 x_n 取最大值或最小值, 则 L, M 应满足什么条件? 并求此最大值和最小值. 有兴趣的读者不妨试一试.

例 4.7 试对一切不全为 0 的实数 x, y, z, w 给出代数式

$$\frac{xy + 2yz + zw}{x^2 + y^2 + z^2 + w^2}$$

的一个尽可能小的上界 (奥地利和波兰联合数学竞赛题, 1985).

记此式为 F. 由于本题是求上界, 所以只需对不全为 0 的非负数 x, y, z, w 考察即可. 首先,

$$xy + 2yz + zw \leqslant \frac{1}{2}(x^2 + y^2) + (y^2 + z^2) + \frac{1}{2}(z^2 + w^2) \leqslant \frac{3}{2}(x^2 + y^2 + z^2 + w^2)$$

所以 3/2 是该式的一个上界, 但尚不知道它是否为最小上界.

如果该式有最大值, 则最大值就是最小的上界, 求最大值还是利用导数比较方便. 但此式有 4 个变量, 有关导数表达式比较复杂, 需要简化. 由 F 的对称性, 可以期望取得最大值时, x 与 w, z 与 y 的值应当分别相等, 这是一种极端情况. 令 $x = w, z = y$, 那么原表达式 F 简化为

$$F_1 = \frac{xy + y^2}{x^2 + y^2}$$

直接计算有

$$\frac{\partial F_1}{\partial x} = \frac{y(-x^2 - 2xy + y^2)}{(x^2 + y^2)^2}, \quad \frac{\partial F_1}{\partial y} = -\frac{x(-x^2 - 2xy + y^2)}{(x^2 + y^2)^2}$$

因此, 要使 F 取极值, 必须有

$$-x^2 - 2xy + y^2 = 0$$

即 $y = (1 + \sqrt{2})x$. 此时,

$$F_1 = \frac{(1 + \sqrt{2}) + (1 + \sqrt{2})^2}{1 + (1 + \sqrt{2})^2} = \frac{1 + \sqrt{2}}{2}$$

特别地, 取 $x = 1, y = 1 + \sqrt{2}$, 那么

$$\frac{\partial^2 F_1}{\partial x^2} = -\frac{\sqrt{2}}{4}, \quad \frac{\partial^2 F_1}{\partial y^2} = 1 - \frac{3\sqrt{2}}{4}, \quad \frac{\partial^2 F_1}{\partial x \partial y} = \frac{1}{2} - \frac{\sqrt{2}}{4}$$

从而由极值判别法可知, $(1+\sqrt{2})/2$ 是 F_1 的极大值. 下面证明此数为函数 F 的最大值.

为此, 首先证明 $(1+\sqrt{2})/2$ 是 F_1 的最大值, 即对任何不全为 0 的非负 x,y 有

$$F_1 \leqslant \frac{1+\sqrt{2}}{2}$$

分下面两种情况考虑:

(1) $y \leqslant \dfrac{1+\sqrt{2}}{2}x;$

(2) $y \geqslant \dfrac{1+\sqrt{2}}{2}x.$

对第一种情况, 显然有

$$F_1 \leqslant \frac{(1+\sqrt{2})x^2/2 + y^2}{x^2 + y^2} \leqslant \frac{1+\sqrt{2}}{2}$$

在第二种情况, 这个估计也是对的. 事实上,

$$xy + y^2 = \frac{1+\sqrt{2}}{2}x^2 + x\left(y - \frac{1+\sqrt{2}}{2}x\right) + y^2$$

利用 $(x+y)^2/4 \geqslant xy$ 可得

$$xy + y^2 \leqslant \frac{1+\sqrt{2}}{2}x^2 + \frac{2}{1+\sqrt{2}}\left(\frac{\dfrac{1+\sqrt{2}}{2}x + \left(y - \dfrac{1+\sqrt{2}}{2}x\right)}{2}\right)^2 + y^2$$

$$= \frac{1+\sqrt{2}}{2}x^2 + \left(1 + \frac{1}{2+2\sqrt{2}}\right)y^2 \leqslant \frac{1+\sqrt{2}}{2}(x^2 + y^2)$$

现在证明对任何不全为 0 的非负数 x,y,z,w 有

$$\frac{xy + 2yz + zw}{x^2 + y^2 + z^2 + w^2} \leqslant \frac{1+\sqrt{2}}{2}$$

分以下 4 种情况讨论:

(1) $y \leqslant (1+\sqrt{2})x/2,\ z \leqslant (1+\sqrt{2})x/2.$ 此时,

$$xy + 2yz + zw \leqslant \frac{1+\sqrt{2}}{2}x^2 + (y^2 + z^2) + \frac{1+\sqrt{2}}{2}w^2$$

$$\leqslant \frac{1+\sqrt{2}}{2}(x^2 + y^2 + z^2 + w^2)$$

从而估计式正确.

(2) $y \geqslant (1+\sqrt{2})x/2$, $z \geqslant (1+\sqrt{2})x/2$. 此时,

$$xy + 2yz + zw$$

$$= \frac{1+\sqrt{2}}{2}x^2 + x\left(y - \frac{1+\sqrt{2}}{2}x\right) + 2yz + \frac{1+\sqrt{2}}{2}w^2 + w\left(z - \frac{1+\sqrt{2}}{2}w\right)$$

$$\leqslant \frac{1+\sqrt{2}}{2}x^2 + \frac{2}{1+\sqrt{2}}\left(\frac{\frac{1+\sqrt{2}}{2}x + \left(y - \frac{1+\sqrt{2}}{2}x\right)}{2}\right)^2$$

$$+ y^2 + z^2 + \frac{1+\sqrt{2}}{2}w^2 + \frac{2}{1+\sqrt{2}}\left(\frac{\frac{1+\sqrt{2}}{2}w + \left(z - \frac{1+\sqrt{2}}{2}w\right)}{2}\right)^2$$

$$\leqslant \frac{1+\sqrt{2}}{2}(x^2 + y^2 + z^2 + w^2)$$

从而估计式正确.

(3) $y \leqslant (1+\sqrt{2})x/2$, $z \geqslant (1+\sqrt{2})x/2$. 此时,

$$xy + 2yz + zw \leqslant \frac{1+\sqrt{2}}{2}x^2 + 2yz + \frac{1+\sqrt{2}}{2}w^2 + w\left(z - \frac{1+\sqrt{2}}{2}w\right)$$

$$\leqslant \frac{1+\sqrt{2}}{2}x^2 + y^2 + z^2 + \frac{1+\sqrt{2}}{2}w^2$$

$$+ \frac{2}{1+\sqrt{2}}\left(\frac{\frac{1+\sqrt{2}}{2}w + \left(z - \frac{1+\sqrt{2}}{2}w\right)}{2}\right)^2$$

$$\leqslant \frac{1+\sqrt{2}}{2}(x^2 + y^2 + z^2 + w^2)$$

从而估计式正确.

(4) $y \geqslant (1+\sqrt{2})x/2$, $z \leqslant (1+\sqrt{2})x/2$. 此时, 类似于情形 (3) 可证估计式正确.

综上所述, $\dfrac{1+\sqrt{2}}{2}$ 是 F 的最大值.

考虑更一般的情况. 例如, 对正数 a, b, c, 求

$$\frac{axy + byz + czw}{x^2 + y^2 + z^2 + w^2}$$

的最小上界. 显然, 对称性在前面的简化并由此找到最大值的过程中有重要的作用. 现在没有这样的对称性, 下面的方法更具一般性, 也更具技巧性.

对任何正数 $\alpha,\,\beta,\,\gamma$ 有

$$2xy \leqslant \alpha x^2 + \frac{1}{\alpha} y^2, \quad 2yz \leqslant \beta y^2 + \frac{1}{\beta} z^2, \quad 2zw \leqslant \gamma z^2 + \frac{1}{\gamma} w^2 \tag{4.3}$$

于是

$$\frac{axy + byz + czw}{x^2 + y^2 + z^2 + w^2} \leqslant \frac{a\alpha x^2 + \left(\dfrac{a}{\alpha} + b\beta\right) y^2 + \left(\dfrac{b}{\beta} + c\gamma\right) z^2 + \dfrac{c}{\gamma} w^2}{2(x^2 + y^2 + z^2 + w^2)}$$

特别地, 取 $\alpha,\,\beta,\,\gamma$ 满足

$$a\,\alpha = \frac{a}{\alpha} + b\beta = \frac{b}{\beta} + c\gamma = \frac{c}{\gamma}$$

这时, 首先利用 $\gamma = c/(a\alpha)$ 消除 γ 得到

$$a\,\alpha = \frac{a}{\alpha} + b\beta, \quad a\,\alpha = \frac{b}{\beta} + \frac{c^2}{a\,\alpha}$$

从而

$$a^2\alpha^4 - (a^2 + b^2 + c^2)\alpha^2 + c^2 = 0$$

注意到条件 $a,\,b,\,c > 0$, $\alpha,\,\beta,\,\gamma > 0$, 即可求得

$$\alpha^2 = \frac{a^2 + b^2 + c^2 + \sqrt{(a^2 + b^2 + c^2)^2 - 4a^2c^2}}{2a^2}$$

$$= \left(\frac{\sqrt{(a+c)^2 + b^2} + \sqrt{(a-c)^2 + b^2}}{2a}\right)^2$$

进而求得 $\beta,\,\gamma$. 于是如果取

$$\alpha = \frac{\sqrt{(a+c)^2 + b^2} + \sqrt{(a-c)^2 + b^2}}{2a}$$

$$\beta = \frac{(a+c)\sqrt{(a-c)^2 + b^2} + (c-a)\sqrt{(a+c)^2 + b^2}}{2bc}$$

$$\gamma = \frac{\sqrt{(a+c)^2 + b^2} - \sqrt{(a-c)^2 + b^2}}{2a}$$

那么

$$\frac{axy + byz + czw}{x^2 + y^2 + z^2 + w^2} \leqslant \frac{a\alpha}{2} = \frac{\sqrt{(a+c)^2 + b^2} + \sqrt{(a-c)^2 + b^2}}{4}$$

如果取 $y = \alpha x$, $z = \alpha\beta x$, $w = \alpha\beta\gamma x$, 那么上式取等式. 因此, 此上界为函数的最大值. 对应于 $a = 1$, $b = 2$, $c = 1$, 函数的最大值为

$$\frac{\sqrt{(a+c)^2 + b^2} + \sqrt{(a-c)^2 + b^2}}{4} = \frac{1 + \sqrt{2}}{2}$$

与前面求得的结果完全一致.

习题 10　当 m, n 取遍一切正整数时, 求 $f(m,n) = |12^m - 5^n|$ 的最小值.

4.3　找一个类似的简单问题

掌握一些典型问题的结论和求解方法或模式对找到新问题的求解思路和答案具有重要的意义. 每次遇到一个新问题, 总要好好想一想: 以前遇到过类似的问题吗? 类似问题的解决思路是什么? 能够用于解决现在的新问题吗?

在微积分的学习中, Rolle 定理是与中值有关的简单命题, 很多证明题都需要转化到可以利用 Rolle 定理的形式, 如下面的习题.

习题 11　证明下列命题:

(1) 设函数 $f(x)$ 在 $[1,2]$ 上连续, 在 $(1,2)$ 内可导, 并且 $f(1) = 1/2$, $f(2) = 2$, 证明存在 $\xi \in (1,2)$, 使得

$$f'(\xi) = \frac{2f(\xi)}{\xi}$$

(2) 设函数 $f(x)$ 和 $g(x)$ 在 $[a,b]$ 上连续, 在 (a,b) 可导, 并且 $f(a) = f(b) = 0$, 证明存在 $\xi \in (a,b)$, 使得 $f'(\xi) + f(\xi)g'(\xi) = 0$;

(3) 设函数 $f(x)$ 在 $[0,1]$ 连续, 在 $(0,1)$ 可导, 并且

$$f(1) = 2\int_0^{1/2} xf(x)\mathrm{d}x$$

证明存在 $\xi \in (0,1)$, 使得 $f(\xi) + \xi f'(\xi) = 0$.

下面再举几个例子来说明这个思路.

例 4.8　假设实数 a, b, c 满足

$$a^4 + b^4 + c^4 + a^2b^2 + b^2c^2 + c^2a^2 = 2abc(a+b+c)$$

证明 $a = b = c$.

对于这个问题, 由于已知条件中的等式只有一个, 而要证明的结论 $a = b = c$ 相当于两个独立等式, 等式的个数比已知条件还多一个, 因此, 已知条件中的等式应该具有特殊的形式. 注意到一个类似的简单问题

$$a^2 + b^2 + c^2 - ab - bc - ca = 0 \iff (a-b)^2 + (b-c)^2 + (c-a)^2 = 0$$

希望原条件可以表示为 $(\cdot)^2 + (\cdot)^2 + (\cdot)^2 = 0$ 的形式. 根据等式中各项的构成, 容易想到将其转化为

$$(a^2 - bc)^2 + (b^2 - ca)^2 + (c^2 - ab)^2 = 0$$

故

$$a^2 - bc = 0, \quad b^2 - ca = 0, \quad c^2 - ab = 0$$

由此可知 $a = b = c$.

类似地, 对实数 a, b, c, 证明不等式

$$a^2b^2 + b^2c^2 + c^2a^2 \geqslant abc(a + b + c)$$

事实上, 对这个不等式, 引入变量替换 $x = ab, y = bc, z = ca$, 则问题转化为证明

$$x^2 + y^2 + z^2 \geqslant xy + yz + zx \Longleftrightarrow (x - y)^2 + (y - z)^2 + (z - x)^2 \geqslant 0$$

在实数范围内, 这是明显成立的, 因而原不等式成立.

例 4.9　设 a, b, c 为正实数, 证明

$$a^a b^b c^c \geqslant (abc)^{\frac{a+b+c}{3}}$$

(美国中学生数学竞赛题, 1974)

一个类似但更简单的不等式可表示如下: 若 $a > 0, b > 0$, 则类似的不等式为

$$a^a b^b \geqslant (ab)^{(a+b)/2}$$

其等价的形式为

$$a^a b^b \geqslant a^b b^a$$

这个不等式的证明不太难. 因为 $\ln x$ 是单调递增函数, 所以

$$\ln \frac{a^a b^b}{a^b b^a} = \ln \left(\frac{a}{b}\right)^{a-b} = (a - b)(\ln a - \ln b) \geqslant 0$$

故 $\dfrac{a^a b^b}{a^b b^a} \geqslant 1$, 即 $a^a b^b \geqslant a^b b^a$.

要通过证明这个简单不等式的方法或结论来证明原不等式. 这个简单不等式成立, 就意味着下面三个不等式同时成立:

$$a^a b^b \geqslant a^b b^a, \quad b^b c^c \geqslant b^c c^b, \quad c^c a^a \geqslant c^a a^c$$

将不等式两边分别相乘得到

$$a^{2a} b^{2b} c^{2c} \geqslant a^{b+c} b^{c+a} c^{a+b}$$

再在上式两边同时乘以 $a^a b^b c^c$, 然后同时开三次方即得所要证明的不等式. 进一步,由于

$$a^a b^b \geqslant (ab)^{\frac{a+b}{2}}$$

$$a^a b^b c^c \geqslant (abc)^{\frac{a+b+c}{3}}$$

对这两种简单情况进行归纳与类比即可猜想出如下不等式: 如果 $x_1, x_2, \cdots, x_n > 0$, 则成立不等式

$$x_1^{x_1} x_2^{x_2} \cdots x_n^{x_n} \geqslant (x_1 x_2 \cdots x_n)^{\frac{x_1 + x_2 + \cdots + x_n}{n}} \tag{4.4}$$

由平均值不等式, 甚至还可猜测下列更强的不等式成立[①]:

$$x_1^{x_1} x_2^{x_2} \cdots x_n^{x_n} \geqslant \left(\frac{x_1 + x_2 + \cdots + x_n}{n} \right)^{\frac{x_1 + x_2 + \cdots + x_n}{n}} \tag{4.5}$$

例 4.10　求解如下代数方程组:

$$\begin{cases} f(x,y) := 3x^2 - xy + 4y^2 + x - 3y - 28 = 0 \\ g(x,y) := 3x^2 + 9xy - 2y^2 - 9x + 11y - 36 = 0 \end{cases}$$

这是一个非线性方程组, 自然会联想到一个简单而类似的问题: 解线性方程组. 大家熟悉的 Gauss 消元法是解线性方程组的一种普遍方法, 因而希望这一思想也能用到求非线性方程组来. 利用 $f(x,y) + 2g(x,y) = 0$ 可消去 y^2 项, 即用 g 去除 f 得到的余式为

$$h_1 := (17x + 19)y + 9x^2 - 17x - 100 = 0$$

然后再利用 $(17x + 19)f(x,y) - 4y h_1(x,y) = 0$ 消去 y^2 项得到

$$h_2 := (-53x^2 - 2x + 343)y + 51x^3 + 74x^2 - 457x - 532 = 0$$

再由 $(17x+9)h_2(x,y) - (-53x^2 - 2x + 343)h_1(x,y) = 0$ 消去 y, 得到仅含 x 的多项式方程

$$1344x^4 + 1344x^3 - 14784x^2 - 12096x + 24192 = 0$$

分解因式得

$$1344(x-1)(x-3)(x+3)(x+2) = 0$$

易解之. 将 x 的值代入原方程组即求得 y 的值, 进而得到方程组的 4 个解为

$$(x,y) = (3,1), (-3,1), (1,3), (-2,-2)$$

---

① 利用函数 $x \ln x$ 的凹凸性很容易证明该不等式.

在上面的步骤中, 用含 x 的多项式 $17x + 19$ 和 $-53x^2 - 2x + 343$ 去乘方程的两边可能产生增根. 容易知道, 这种情况不会发生. 例如, $x = -\dfrac{19}{17}$ 不会使 $f = 0$ 和 $g = 0$ 同时成立.

科学技术中的许多问题, 如初等几何中的许多命题, 都可以转化为证明多项式方程组是否存在解的问题. 一般地, 类似于求解线性方程组的过程, 利用消元法可将多项式方程组化为如下三角型方程组:

$$
\begin{cases}
f_1(x_1) = 0 \\
f_2(x_1, x_2) = 0 \\
\cdots\cdots \\
f_n(x_1, x_2, \cdots, x_n) = 0
\end{cases}
\tag{4.6}
$$

的形式, 从而可以依次求得个未知数的值. 目前, 人们已提出了多种可以利用计算机实现的多项式方程组的消元法, 如吴文俊方法. 这些方法在计算机自动推理技术中具有基础而重要的作用. 有关吴文俊方法以及利用计算机证明几何命题的简要介绍可参见文献 [8]. 另外, 求解多项式方程组的方法很多, 如结式 (resultant) 方法, 有兴趣的读者可参见文献 [9].

例 4.11　给定 a_0, a_1 的值, 求由递推式

$$
a_{n+1} = \alpha a_n + \beta a_{n-1}, \quad n \geqslant 1
\tag{4.7}
$$

定义的数列的通项公式, 其中 α, β 为常数.

对这个问题来说, 类似的简单递推公式可以是如下几种形式:

(1) $a_{n+1} = \alpha a_n$;

(2) $a_{n+1} = \alpha a_n + b$, 其中 b 为常数;

(3) $a_{n+1} = \alpha a_n + b\mu^n$, 其中 b, μ 为常数.

在情形 (1), 结论非常简单: 通项公式为 $a_n = \alpha^n a_0$, 其中 $n \geqslant 1$. 在情形 (2), 如果 $\alpha = 1$, 则递推式定义了一个等差数列, 容易求得其通项公式. 如果 $\alpha \neq 1$, 那么可通过适当的变换将其化为第一种情形. 例如, 令

$$
x_n = a_n + \frac{b}{\alpha - 1}
$$

那么 $a_{n+1} = \alpha a_n + b$ 化为 $x_{n+1} = \alpha x_n$, 故 a_n 的通项为

$$
a_n = \alpha^n x_0 - \frac{b}{\alpha - 1} = \alpha^n \left(a_0 + \frac{b}{\alpha - 1} \right) - \frac{b}{\alpha - 1}
$$

如果令

$$
x_n = \frac{a_n}{\mu^n}
$$

那么情形 (3) 又可化为情形 (2), 即

$$x_{n+1} = \frac{\alpha}{\mu} x_n + \frac{b}{\mu}$$

当 $\mu = \alpha$ 时, 上式定义了一个等差数列, 容易求得其通项公式. 而当 $\mu \neq \alpha$ 时, 再令

$$y_n = x_n + \frac{b/\mu}{\alpha/\mu - 1} = x_n + \frac{b}{\alpha - \mu}$$

那么

$$y_{n+1} = \frac{\alpha}{\mu} y_n$$

因此, $\mu^n y_n = \alpha^n y_0$, 故 a_n 的通项为

$$
\begin{aligned}
a_n = \mu^n x_n &= \mu^n y_n - \frac{b\mu^n}{\alpha - \mu} \\
&= \alpha^n y_0 - \frac{b\mu^n}{\alpha - \mu} \\
&= \alpha^n \left(a_0 + \frac{b}{\alpha - \mu} \right) - \frac{b\mu^n}{\alpha - \mu}
\end{aligned}
$$

上面讨论的三种简单情形可以归类为

$$a_n - \alpha a_{n-1} = b_n$$

其中 b_n 为已知的. 如果能通过适当的变换将 $a_{n+1} = \alpha a_n + \beta a_{n-1}$ 化为这种形式, 那么就可以求得 a_n 的表达式.

为此, 利用待定常数 λ_1 作变换

$$x_{n+1} = a_{n+1} - \lambda_1 a_n$$

使得存在一常数 λ_2 满足 $x_{n+1} = \lambda_2 x_n$, 即待定常数 λ_1, λ_2 应满足

$$a_{n+1} = (\lambda_1 + \lambda_2) a_n - \lambda_1 \lambda_2 a_{n-1}$$

因此,

$$\lambda_1 + \lambda_2 = \alpha, \quad \lambda_1 \lambda_2 = -\beta$$

即 λ_1 和 λ_2 是下列二次方程:

$$\lambda^2 - \alpha\lambda - \beta = 0 \tag{4.8}$$

的根. 这个方程可通过令 $a_n = \lambda^n$ 代入递推式 (4.7) 后化简得到. 一旦求出 λ_1 和 λ_2 的值, 那么就有 $x_n = \lambda_2^n x_0$, 即

$$a_n - \lambda_1 a_{n-1} = \lambda_2^n x_0$$

此时已化为简单情形 (3), 利用所得结果求出 a_n 的通项公式为

$$a_n = c_1 \lambda_1^n + c_2 \lambda_2^n \tag{4.9}$$

其中 c_1, c_2 为与 n 无关的常数, 而 $a_n = \lambda_1^n$ 和 $a_n = \lambda_2^n$ 都满足递推式 (4.7), 即通项为递推式两个特殊解 (线性无关) 的 **线性组合**. 这是当 $\lambda_1 \neq \lambda_2$ 时的通项公式, 请读者补齐当 $\lambda_1 = \lambda_2$ 时相应的通项公式.

到这里, 已经对这个问题的求解看得更清楚了. 这里求通项公式的思路与过程和常系数常微分方程的求解是类似的, 最关键的步骤是求得 λ_1 和 λ_2 的值, 即方程 (4.8) 的根. 方程 (4.8) 通常称为递推式 (4.7) 的特征方程, 其根称为递推式 (4.7) 的特征根.

特别地, 对由

$$a_{n+1} = a_n + a_{n-1}, \quad a_0 = a_1 = 1$$

定义的 Fibonacci 数列, 其特征方程是 $\lambda^2 - \lambda - 1 = 0$, 它的两个根为

$$\lambda_1 = \frac{1+\sqrt{5}}{2}, \quad \lambda_2 = \frac{1-\sqrt{5}}{2}$$

因此, 通项公式具有如下形式:

$$a_n = c_1 \left(\frac{1+\sqrt{5}}{2} \right)^n + c_2 \left(\frac{1-\sqrt{5}}{2} \right)^n$$

再利用初始条件 $a_0 = a_1 = 1$ 有

$$c_1 + c_2 = 1, \quad (1+\sqrt{5})c_1 + (1-\sqrt{5})c_2 = 2$$

由此求得 c_1, c_2, 进而得到

$$a_n = \frac{5+\sqrt{5}}{10} \left(\frac{1+\sqrt{5}}{2} \right)^n + \frac{5-\sqrt{5}}{10} \left(\frac{1-\sqrt{5}}{2} \right)^n$$

更一般地, 对常系数的非齐次线性递推式定义的数列, 可先利用特征根方法求出相应的齐次式的通项公式, 然后利用待定系数法求得一个特解, 那么非齐次递推式的通项就是相应的齐次式的通项公式加上非齐次递推式的一个特解. 例如, 对如下非齐次式定义的递推数列:

$$a_n = a_{n-1} + a_{n-2} + 2^n, \quad n = 2, 3, 4, \cdots$$

假设它有特解, 其形式为 $a_n = 2^n c$, 其中 c 为待定常数, 那么

$$2^n c = 2^{n-1} c + 2^{n-2} c + 2^n$$

于是 $c = 4$. 这表明非齐次递推数列有特解 $a_n = 2^{n+2}$, 从而数列的通项为

$$a_n = c_1 \left(\frac{1 + \sqrt{5}}{2} \right)^n + c_2 \left(\frac{1 - \sqrt{5}}{2} \right)^n + 2^{n+2}$$

其中 c_1, c_2 为任意常数, 其取值由初始条件确定.

习题 12 在例 4.11 中, 由于存在变换 $x_{n+1} = a_{n+1} - \lambda_1 a_n$ 和常数 λ_1, λ_2, 使得 $x_{n+1} = \lambda_2 x_n$, 这启发我们将 a_n, a_{n-1} 作为一个整体看待, 因此, 可引入向量记号

$$\Delta_n = \left[\begin{array}{c} a_n \\ a_{n-1} \end{array} \right]$$

并建立关于 Δ_n 的简单递推关系

$$\Delta_n = A \Delta_{n-1}, \quad A = \left[\begin{array}{cc} \alpha & \beta \\ 1 & 0 \end{array} \right]$$

试按这种思路求得 a_n 的通项公式.

例 4.12 设 $A = [a_{ij}]_{n \times n} \in \mathbb{R}^{n \times n}, |A| \neq 0$, 证明

$$A^{-1} = \frac{1}{|A|} A^* \tag{4.10}$$

其中 $A^* = [A_{ij}]_{n \times n}^{\mathrm{T}}$ 为 A 的伴随矩阵, A_{ij} 为 a_{ij} 的代数余子式.

所谓矩阵 A 的逆矩阵, 就是线性矩阵方程

$$AX = I_n \tag{4.11}$$

的一个解, 其中 I_n 为 n 阶单位矩阵. 该矩阵方程和线性方程组具有类似的形式. 记

$$X = [x_{ij}]_{n \times n} = [x_1, \ x_2, \ \cdots, \ x_n] \in \mathbb{R}^{n \times n}, \quad I_n = [e_1, \ e_2, \ \cdots, \ e_n]$$

那么该方程有解等价于如下 n 个具有相同系数矩阵的线性方程组:

$$Ax_i = e_i, \quad i = 1, 2, \cdots, n$$

同时有解. 由 Cramer 法则有

$$x_{ij} = \frac{1}{|A|} \cdot A_{ji} \tag{4.12}$$

事实上, 以 x_{11} 为例有

$$x_{11} = \frac{1}{|A|} \cdot \begin{vmatrix} 1 & a_{12} & a_{13} & \cdots & a_{1n} \\ 0 & a_{22} & a_{23} & \cdots & a_{2n} \\ \vdots & \vdots & \vdots & & \vdots \\ 0 & a_{n2} & a_{n3} & \cdots & a_{nn} \end{vmatrix} = \frac{1}{|A|} \cdot A_{11}$$

而对 x_{21} 有

$$x_{21} = \frac{1}{|A|} \cdot \begin{vmatrix} a_{11} & 1 & a_{13} & \cdots & a_{1n} \\ a_{21} & 0 & a_{23} & \cdots & a_{2n} \\ \vdots & \vdots & \vdots & & \vdots \\ a_{n1} & 0 & a_{n3} & \cdots & a_{nn} \end{vmatrix} = \frac{1}{|A|} \cdot A_{12}$$

其余依此类推.

读者还可以由 $x_{ij}|A|$ 出发, 利用行列式的性质, 将 x_{ij} 变为 $|A|$ 的第 i 列的因子, 然后将其他列乘以不同因子 (与 X 的元素有关) 后都加到第 i 列, 进而证明 $x_{ij}|A| = A_{ji}$.

例 4.13 设 $A_{11}, A_{12}, A_{21}, A_{22} \in \mathbb{R}^{n \times n}$, $x_1, x_2, b_1, b_2 \in \mathbb{R}^n$, 讨论矩阵线性方程组

$$\begin{bmatrix} A_{11} & A_{12} \\ A_{21} & A_{22} \end{bmatrix} \begin{bmatrix} x_1 \\ x_2 \end{bmatrix} = \begin{bmatrix} b_1 \\ b_2 \end{bmatrix} \tag{4.13}$$

的可解性以及解的表达式.

显然, 和这个问题类似但更简单的问题是下列线性方程组的求解问题:

$$\begin{bmatrix} a_{11} & a_{12} \\ a_{21} & a_{22} \end{bmatrix} \begin{bmatrix} x_1 \\ x_2 \end{bmatrix} = \begin{bmatrix} b_1 \\ b_2 \end{bmatrix} \tag{4.14}$$

由线性方程组理论可知, 如果系数行列式不为零, 即

$$\Delta = \begin{vmatrix} a_{11} & a_{12} \\ a_{21} & a_{22} \end{vmatrix} \neq 0$$

那么线性方程组有唯一解, 并且由 Cramer 法则可知, 这个唯一解可表示为

$$x_1 = \frac{\Delta_1}{\Delta}, \quad x_2 = \frac{\Delta_2}{\Delta}$$

其中

$$\Delta_1 = \begin{vmatrix} b_1 & a_{12} \\ b_2 & a_{22} \end{vmatrix}, \quad \Delta_2 = \begin{vmatrix} a_{11} & b_1 \\ a_{21} & b_2 \end{vmatrix}$$

一方面, 由于线性矩阵方程 (4.13) 本身就是一个含有 $2n$ 个未知变量的线性方程组, 将上述存在唯一解的条件一般化, 线性矩阵方程 (4.13) 有唯一解的条件应该就是其系数矩阵的行列式不等于零, 即

$$\Delta = \begin{vmatrix} A_{11} & A_{12} \\ A_{21} & A_{22} \end{vmatrix} \neq 0$$

对这个结论不会有任何异议. 但是如果将矩阵方程右端的向量替换系数矩阵中的一列, 则所得到的矩阵不是方阵, 因而没有行列式的概念. 这表明对 Cramer 法则不能作简单的形式推广, 还需要更进一步的思考.

另一方面, 线性方程组的解可表示为更具体的形式

$$x_1 = \frac{a_{22}b_1 - a_{12}b_2}{a_{11}a_{22} - a_{21}a_{12}}, \quad x_2 = \frac{a_{21}b_1 - a_{11}b_2}{a_{11}a_{22} - a_{21}a_{12}}$$

因此, 希望矩阵方程组的解也有类似的形式, 但是在矩阵理论中, 需要用逆矩阵来表示矩阵与矩阵之商. 这就是说, 和上式相对应, 线性矩阵方程的解应表示为

$$\begin{cases} x_1 = (A_{11}A_{22} - A_{21}A_{12})^{-1}(A_{22}b_1 - A_{12}b_2) \\ x_2 = (A_{11}A_{22} - A_{21}A_{12})^{-1}(-A_{21}b_1 + A_{11}b_2) \end{cases} \tag{4.15}$$

为了验证上述猜想是否正确, 下面来计算 $A_{11}x_1 + A_{12}x_2$. 此时, 由于矩阵乘法一般不具有可交换性, 所以一般不能得到 $A_{11}x_1 + A_{12}x_2 = b_1$ 或 $A_{21}x_1 + A_{22}x_2 = b_2$. 这就是说, 式 (4.15) 给出的 x_1, x_2 一般来说不是线性矩阵方程 (4.13) 的解. 只有增加矩阵的可交换性条件才有可能使线性矩阵方程具有这种形式的解.

事实上, 如果各 A_{ij} 是相互可交换的, 那么

$$A_{11}x_1 + A_{12}x_2$$
$$= A_{11}(A_{11}A_{22} - A_{21}A_{12})^{-1}(A_{22}b_1 - A_{12}b_2)$$
$$\quad + A_{12}(A_{11}A_{22} - A_{21}A_{12})^{-1}(A_{21}b_1 - A_{11}b_2)$$
$$= (A_{11}A_{22} - A_{21}A_{12})^{-1}((A_{11}A_{22} - A_{12}A_{21})b_1 + (A_{12}A_{11} - A_{11}A_{12})b_2)$$
$$= b_1$$

同理可得 $A_{21}x_1 + A_{22}x_2 = b_2$. 因此, 当各 A_{ij} 相互可交换时, 线性矩阵方程 (4.13) 的唯一解可表示为式 (4.15).

另外, 由文献 [10] 可知, 对 $C_{ij} \in \mathbb{R}^{n \times n}$, 如果 $C_{11}C_{21} = C_{21}C_{11}$, 则

$$\det\left(\begin{bmatrix} C_{11} & C_{12} \\ C_{21} & C_{22} \end{bmatrix}\right) = \det(C_{11}C_{22} - C_{21}C_{12})$$

因此, 方程 (4.13) 存在唯一解的条件可简化为 $|A_{11}A_{22} - A_{21}A_{12}| \neq 0$. 至于利用矩阵的秩来刻画更一般的可解条件, 这里略去.

特别地, 设 I_n 为 n 阶单位矩阵, $A \in \mathbb{R}^{n \times n}$, $\omega_0, \tau \in \mathbb{R}$, 考察矩阵线性方程

$$\begin{bmatrix} I_n - \tau A & \omega_0 \tau I_n \\ -\omega_0 \tau I_n & I_n - \tau A \end{bmatrix} \begin{bmatrix} a \\ b \end{bmatrix} = \begin{bmatrix} f_c \\ f_s \end{bmatrix} \tag{4.16}$$

当且仅当系数矩阵的行列式 $\Lambda_c = |(I_n - \tau A)^2 + \omega_0^2 \tau^2 I_n| \neq 0$ 时, 存在唯一解

$$\begin{cases} a = ((I_n - \tau A)^2 + \omega_0^2 \tau^2 I_n)^{-1}((I_n - \tau A)f_c - \omega_0 \tau f_s) \\ b = ((I_n - \tau A)^2 + \omega_0^2 \tau^2 I_n)^{-1}((I_n - \tau A)f_s + \omega_0 \tau f_c) \end{cases} \tag{4.17}$$

有兴趣的读者可以证明: $\Lambda_c \neq 0$ 当且仅当 $1/\tau \pm \mathrm{i}\omega_0$ 不是矩阵 A 的特征根.

4.4 映射与反演

映射与**反演**是最常用的数学思维方法之一, 它贯穿从小学到大学数学学习的全过程. 采用各种变量替换法求解数学问题都是映射与反演方法的应用. 求极限、求导数和求积分、解代数方程与解微分方程等都要用到变量代换. 积分变换也是映射与反演方法的一种应用. 在求解常系数线性常微分方程时, 可以先对微分方程两边求 Laplace 积分变换, 将微分方程变换为代数方程, 并求出所求解的 Laplace 变换的代数表达式, 然后通过求逆 Laplace 变换即可求出微分方程的解. 解析几何也是映射与反演的应用, 将几何问题转化为代数问题求解. 映射与反演的一般模式如图 4.3 所示.

图 4.3 映射与反演的一般模式

下面利用映射与反演思想来解决几个比较简单的问题.

例 4.14 设数列 $\{a_n\}$ 的前三项为 $a_0 = 0$, $a_1 = 1$, $a_2 = -1$, 其他各项由递推公式

$$a_n = -a_{n-1} + 16a_{n-2} - 20a_{n-3}, \quad n = 3, 4, 5, \cdots$$

定义, 求 a_n 的一般表达式.

这类问题的解法有多种, 下面采用母函数法, 用的就是映射与反演的思想. 利用数列 $\{a_n\}$, 构造一个形式幂级数 (不强调其收敛性和收敛范围)

$$f(x) = a_0 + a_1 x + a_2 x^2 + \cdots + a_n x^n + \cdots$$

用 $1, x, -16x^2, 20x^3$ 分别乘等式两端得到 4 个等式, 然后两端分别相加得到

$$(1 + x - 16x^2 + 20x^3)f(x)$$
$$= a_0 + (a_0 + a_1)x + (a_2 + a_1 - 16a_0)x^2 + (a_3 + a_2 - 16a_1 + 20a_0)x^3 + \cdots$$
$$\quad + (a_n + a_{n-1} - 16a_{n-2} + 20a_{n-3})x^n + \cdots$$
$$= a_0 + (a_0 + a_1)x + (a_2 + a_1 - 16a_0)x^2 = x$$

由此得到幂级数的和函数为

$$f(x) = \frac{x}{1 + x - 16x^2 + 20x^3}$$

将函数 $f(x)$ 分解为部分分式

$$f(x) = \frac{1}{7}\frac{1}{(1-2x)^2} - \frac{2}{49}\frac{1}{1-2x} - \frac{5}{49}\frac{1}{1+5x}$$

这样可得 $f(x)$ 的幂级数展开式为

$$f(x) = \sum_{n=0}^{\infty}\left(\frac{1}{7}(n+1)2^n - \frac{2}{49}2^n - \frac{5}{49}(-1)^n 5^n\right)x^n$$

因此, 数列的通项表达式为

$$a_n = \frac{1}{7}(n+1)2^n - \frac{2}{49}2^n - \frac{5}{49}(-1)^n 5^n$$

另外, 母函数方法在处理若干排列、组合问题中也是非常有效的, 有兴趣的读者可参见文献 [11].

例 4.15 数项级数求和. 在微积分课程里, 为了求得某些数项级数的和, 可以先考虑更一般的幂级数, 利用函数性质求出级数的和函数. 例如, 为了求得

$$\sum_{n=1}^{\infty}\frac{n^2 2^{n-2}}{3^n}$$

可先考察幂级数

$$\sum_{n=1}^{\infty}n^2 x^{n-1}$$

该级数在 $|x| < 1$ 时是收敛的, 记其和函数为 $S(x)$, 那么

$$\int_0^x S(x)\mathrm{d}x = \int_0^x \sum_{n=1}^{\infty} n^2 x^{n-1}\mathrm{d}x = \sum_{n=1}^{\infty} n x^n$$

$$= x\left(\sum_{n=1}^{\infty} x^n\right)' = x\left(\frac{x}{1-x}\right)' = \frac{x}{(1-x)^2}$$

故由两边求导数得

$$S(x) = \frac{1+x}{(1-x)^3}$$

因此,

$$\sum_{n=1}^{\infty} \frac{n^2 2^{n-2}}{3^n} = \frac{1}{6}S\left(\frac{2}{3}\right) = \frac{15}{2}$$

例 4.16　求下列函数的最大值:

$$f(x) = \sqrt{x^4 - 3x^2 - 6x + 13} - \sqrt{x^4 - x^2 + 1}$$

经过简单的尝试即可知道, 采用常规方法求该函数的最大值是不方便的. 例如, 导数 $f'(x)$ 的表达式比较复杂, 不利于 (解析地) 求函数的驻点 (导数等于零的 x 值). 改变思路, 先对函数表达式变形有

$$f(x) = \sqrt{(x-3)^2 + (x^2-2)^2} - \sqrt{(x-0)^2 + (x^2-1)^2}$$

因此, $f(x)$ 的值表示抛物线上的点 $P(x, x^2)$ 到点 $A(3,2)$ 与点 $B(0,1)$ 的距离之差的最大值. 如图 4.4 所示, 由三角形的性质 "任意两边的差小于第三边" 可知, 当且仅当 P, A, B 共线且 B 位于 P 和 A 之间的情况下, $\overline{PA}$ 与 $\overline{PB}$ 的差最大.

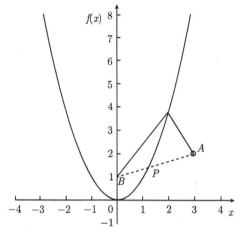

图 4.4　抛物线上的点到两固定点之间的距离之和、差

易知点 A, B 所在的直线方程为

$$y = \frac{1}{3}x + 1$$

它与抛物线 $y = x^2$ 的交点横坐标为

$$x = \frac{1}{6} \pm \frac{\sqrt{37}}{6}$$

因此, 所求最大值为

$$f\left(\frac{1}{6} - \frac{\sqrt{37}}{6}\right) = \sqrt{\frac{815 + 85\sqrt{37}}{81}} - \sqrt{\frac{95 - 5\sqrt{37}}{81}} = \sqrt{10}$$

类似地, 利用几何观点还可求得函数

$$g(x) = \sqrt{(x-3)^2 + (x^2 - 2)^2} + \sqrt{(x-0)^2 + (x^2 + 2)^2}$$

的最小值, 此即抛物线上的点 $P(x, x^2)$ 到点 $C(3, 2)$ 与点 $D(0, -2)$ 的距离之和的最小值. 如图 4.5 所示, 当以点 $C(3, 2)$ 与点 $D(0, -2)$ 为焦点的椭圆与抛物线相切时, $g(x)$ 取最小值[①].

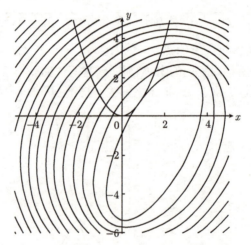

图 4.5 当椭圆与抛物线相切时, $g(x)$ 的值最小

例 4.17 已知 λ 为实数, 确定三次方程 $x^3 + 4x^2 + x + 1 - \lambda = 0$ 的实根个数.
本题最直接的做法是先采用线性变换去掉二次项, 然后确定判别式的符号即可得到原方程实根的个数 (见第 2 章). 下面采用一种更简单、更直观的做法[3].

[①] 这里的主要目的是说明几何求解思路. 由于椭圆方程复杂, 实际求解并不方便, 仍然需要采用数值方法.

记 $f(x) = x^3 + 4x^2 + x + 1$, 则原三次方程实根的个数就是曲线 $y = f(x)$ 与直线 $y = \lambda$ 的交点个数. 由于

$$f'(x) = 3x^2 + 8x + 1 = 0 \Longrightarrow x = -\frac{4}{3} \pm \frac{1}{3}\sqrt{13}$$

由此可求得 $f(x)$ 的极大值和极小值分别为

$$M := f\left(-\frac{4}{3} - \frac{1}{3}\sqrt{13}\right) = \frac{119}{27} + \frac{26}{27}\sqrt{13}, \quad m := f\left(-\frac{4}{3} + \frac{1}{3}\sqrt{13}\right) = \frac{119}{27} - \frac{26}{27}\sqrt{13}$$

因此, 如图 4.6(a) 所示, 当 $m < \lambda < M$ 时, 方程 $x^3 + 4x^2 + x + 1 - \lambda = 0$ 有三个实根; 当 $\lambda = m$ 或者 $\lambda = M$, 该方程有两个不同实根; 当 $\lambda < m$ 或 $\lambda > M$ 时, 该方程只有一个实根.

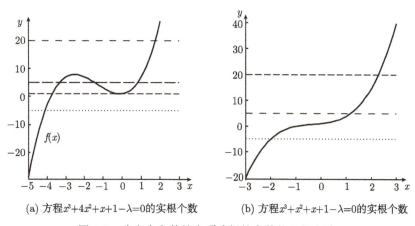

(a) 方程 $x^3 + 4x^2 + x + 1 - \lambda = 0$ 的实根个数　(b) 方程 $x^3 + x^2 + x + 1 - \lambda = 0$ 的实根个数

图 4.6　确定含参数的多项式根的个数的几何方法

类似地, 对 $f(x) = x^3 + x^2 + x + 1$, 可以证明: 对任何实数 λ, 方程 $x^3 + x^2 + x + 1 - \lambda = 0$ 仅有一个实根, 如图 4.6(b) 所示. 此时, $f'(x) = 3x^2 + 2x + 1$ 无实根, 从而 $y = x^3 + x^2 + x + 1$ 无极值.

例 4.18　在平面上任意给定 n 个点 $P_1, P_2, \cdots, P_n$ 和一个半径为 1 的单位圆, 则在此圆周上一定可以找到点 P, 使得

$$\|PP_1\| \cdot \|PP_2\| \cdots \|PP_n\| \geqslant 1$$

这一结论在 $n = 1$ 时显然成立, 因此, 很自然地想到数学归纳法. 但从 $n = k$ 到 $n = k + 1$ 这一步很不好下手. 换一种思路. 因为可能涉及距离等量的计算, 所以可以将几何量数量化. 不妨设此圆以原点为圆心, 其圆周上的点用复数 z 表示, 而点 $P_1, P_2, \cdots, P_n$ 分别用复数 $z_1, z_2, \cdots, z_n$ 表示, 那么要证明的结论用复数表示即为

$$|z - z_1| \cdot |z - z_2| \cdots |z - z_n| \geqslant 1$$

下面的关键问题之一是如何利用单位圆上的点满足的条件 $|z| = 1$ 来估计这一复数模的大小. 由于

$$|z - z_1| \cdot |z - z_2| \cdots |z - z_n| = |z(z - z_1)(z - z_2) \cdots (z - z_n)|$$

引入 $n + 1$ 次的复变量辅助函数

$$f(z) = z(z - z_1)(z - z_2) \cdots (z - z_n)$$

要证明存在单位圆上的点 z, 使得 $|f(z)| \geqslant 1$.

由于点 $P_1, P_2, \cdots, P_n$ 是随意给定的, 单个点所包含的信息太少, 把单位圆上所有点一起来考虑所含的信息又太多太乱, 从中筛选出若干个特殊点, 其中含有所要求的点. 考虑到 $f(z)$ 是一个次数为 $n + 1$ 的多项式, 取单位圆上的 $n + 1$ 个等分点

$$1, \quad \omega, \quad \omega^2, \quad \cdots, \quad \omega^n$$

其中

$$\omega = \cos \frac{2\pi}{n+1} + \mathrm{i} \sin \frac{2\pi}{n+1}$$

是 $z^{n+1} - 1 = 0$ 的一个复根, $\mathrm{i}^2 = -1$, 满足

$$1 + \omega + \omega^2 + \cdots + \omega^n = 0$$

下面证明这些点中必有一个满足 $|f(z)| \geqslant 1$. 假若不然,

$$|f(1)| < 1, \quad |f(\omega)| < 1, \quad |f(\omega^2)| < 1, \quad \cdots, \quad |f(\omega^n)| < 1$$

那么

$$|f(1) + f(\omega) + f(\omega^2) + \cdots + f(\omega^n)|$$
$$< |f(1)| + |f(\omega)| + |f(\omega^2)| + \cdots + |f(\omega^n)|$$
$$< n + 1$$

另一方面, 记

$$f(z) = z^{n+1} + c_1 z^n + \cdots + c_n z + c_{n+1}$$

其中各系数 c_i 为复常数. 直接计算可知

$$f(1) = 1 + c_1 + c_2 + \cdots + c_{n+1}$$
$$f(\omega) = 1 + c_1 \omega^n + c_2 \omega^{n-1} + \cdots + c_{n+1}$$
$$\cdots\cdots$$
$$f(\omega^n) = 1 + c_1 (\omega^n)^n + c_2 (\omega^n)^{n-1} + \cdots + c_{n+1}$$

利用 ω 为单位根的性质得

$$f(1) + f(\omega) + f(\omega^2) + \cdots + f(\omega^n) = n + 1$$

矛盾表明在复数 1, ω, ω^2, $\cdots$, ω^n 中至少有一个满足 $|f(z)| \geqslant 1$.

在证明过程中, 把几何上的点映射成复数, 从而可以用复数来表示距离、夹角等几何量, 最后通过具体计算证明了有关结论, 更多的例子参见文献 [12].

类似的问题还有很多, 如利用概率论中的 Monte Carlo 方法、复变函数中的留数方法计算定积分等. 不仅如此, 还可以用物理方法研究数学问题, 即把数学量映射成物理量, 利用有关物理原理 (力的平衡、能量守恒原理、最小势能原理等) 处理这些物理量, 从而解决数学问题. 依此类推, 可以利用不同领域的知识、方法和原理来解决数学问题. 首先以微积分中的 Rolle 定理为例来加以说明. Rolle 定理的内容如下: 如果 $f(x)$ 在闭区间 $[a,b]$ 连续, 在开区间 (a,b) 可导, 并且 $f(a) = f(b)$, 那么必存在 $\xi \in (a,b)$, 使得 $f'(\xi) = 0$. 教科书上讨论了它的几何意义, 也可以用一个物理中的例子来说明. 设有一个单摆, 以 $f(t)$ 表示摆在 t 时刻的弧向距离, 则 $f'(t)$ 为运动速度, 如果在 $t = a$ 和 $t = b$ 两个时刻单摆处于同一位置, 那么在从 $t = a$ 到 $t = b$ 这段时间内必有某一时刻 ξ, 其位移达到极大, 即速度为零, 即 $f'(\xi) = 0$. 下面再看一个例子.

例 4.19　计算 $\sum\limits_{k=1}^{n} k^2(n - k + 1)$.

数学思维方法的成功应用有赖于丰富而有效的联想. 在物理学中, 有一个关于重心的结论: 在一个没有质量的细棒上坐标为 $x_1, x_2, \cdots, x_n$ 的点处放置质量为 $p_1, p_2, \cdots, p_n$ 的重物, 则该系统的重心坐标为

$$x = \frac{x_1 p_1 + x_2 p_2 + \cdots + x_n p_n}{p_1 + p_2 + \cdots + p_n}$$

设想在坐标为 $1, 2, \cdots, n$ 的点处有质量为 $m_k = k(n-k+1)$ 的质点 $(k = 1, 2, \cdots, n)$, 由质量的对称性, $m_k = m_{n-k+1}$, 质点系的重心在 $(n+1)/2$ 处. 又整个质点系的质量之和为

$$
\begin{aligned}
\sum_{n=1}^{n} k(n - k + 1) &= (n + 1)\sum_{k=1}^{n} k - \sum_{k=1}^{n} k^2 \\
&= \frac{n(n+1)^2}{2} - \frac{n(n+1)(2n+1)}{6} \\
&= \frac{n(n+1)(n+2)}{6}
\end{aligned}
$$

所以

$$\sum_{k=1}^{n} k^2(n-k+1) = \frac{n+1}{2} \cdot \frac{n(n+1)(n+2)}{6} = \frac{n(n+1)^2(n+2)}{12}$$

数学中有一些重要的概念和方法本质上就是映射与反演, **同构**就是其中的一个. 如果在一个抽象的空间 X 和一个相对具体的空间 Y 之间能够建立一个同构映射, 那么就可以通过对 Y 的认识来获得对 X 的了解. 例如, 给定一个实域上的 n 维线性空间 X, 其构成元素可以是具体的, 也可以是抽象的, 但是如果取定 X 的一组基 $\alpha_1, \alpha_2, \cdots, \alpha_n$, 那么任何 $x \in X$ 都可以唯一地表示为

$$x = x_1\alpha_1 + x_2\alpha_2 + \cdots + x_n\alpha_n$$

如果定义映射

$$T: \quad X \to \mathbb{R}^n$$
$$x \mapsto [x_1, x_2, \cdots, x_n]^{\mathrm{T}}$$

那么 T 为单射与满射, 且对任何 $x, y \in X, \lambda \in \mathbb{R}$ 都有

$$T(x+y) = T(x) + T(y), \quad T(\lambda x) = \lambda T(x)$$

即 T 是 X 到 $\mathbb{R}^n$ 的**线性同构**, 这样就可以在线性同构关系下把 X 和向量空间 $\mathbb{R}^n$ 看成是等同的空间. 又如, 定义在线性空间 X 上的所有线性算子按通常的算子加法和数乘构成一个线性空间 $L(X)$, 但线性变换也是一个比较抽象的概念, 可以把它与矩阵等同看待. 事实上, 取定 X 上的一组基 $\alpha_1, \alpha_2, \cdots, \alpha_n$, 对线性变换 T, 由于 $T\alpha_i \in X$ 也可用这组基线性表示, 所以存在矩阵 $A \in \mathbb{R}^{n \times n}$, 使得

$$T(\alpha_1, \alpha_2, \cdots, \alpha_n) = [\alpha_1, \alpha_2, \cdots, \alpha_n]A$$

定义映射 S 如下:

$$S: \quad X \to \mathbb{R}^{n \times n}$$
$$T \mapsto A$$

则 S 为单射与满射, 且对任意 $A, B \in X, \lambda, \mu \in \mathbb{R}$ 有

$$S(\lambda A + \mu B) = \lambda S(A) + \mu S(B)$$

即 S 是线性同构映射. 从而可以把线性变换与它对应的基矩阵等同看待.

另一种常用的同构是**拓扑同构**. 例如, 考察自治非线性动力学方程

$$\dot{x} = f(x), \quad x \in \mathbb{R}^n$$

在非线性动力学中, 规定满足 $f(x_0) \neq 0$ 的点 x_0 称为正常点, 而满足 $f(x_0) = 0$ 的点 x_0 称为奇异点. 正则点附近的轨线比较简单, 通过适当的变换可以将轨线拉直. 奇异点可分成两类, 一类是双曲点, 其线性化方程没有零实部的特征根; 另一类是非双曲点, 其线性化方程有零实部的特征根. 研究表明, 非线性系统在双曲点附近的轨线和其线性化系统的轨线是拓扑等价的, 后者非常简单, 但在非双曲点附近的轨线不具有这种拓扑等价性, 进一步的学习可参见文献 [13].

第 **5** 章

一般化的途径

特殊问题一般化、一般问题特殊化 (结果精细化), 是解决问题与寻找研究课题的基本思路. 与特殊化相反, 一般化就是要将已知的命题加以推广, 使之在更一般的框架下成立, 或适用的范围更加广泛. 在一般化过程中, 形式类比、数量增减和常数变量化是三个在实际应用中被证明有效的途径.

5.1 形式类比

众所周知, 一个实数 a, 如果满足 $a^2 = 0$, 则 $a = 0$. 把 a 换成实向量 $\alpha \in \mathbb{R}^n$, 当它满足 $\alpha^T \alpha = 0$ 时, 也有 $\alpha = 0$. 再把 $\alpha \in \mathbb{R}^n$ 换成实矩阵 $A \in \mathbb{R}^{n \times n}$, 当它满足 $A^T A = 0$ 时, 还是有 $A = 0$. 又如, 初等变换在矩阵理论中非常重要, 利用它可以把指定位置上的非零元素变为零, 可以把矩阵化为各种形式的简单矩阵. 自然会想, 能否一次性地将一个指定位置上的非零块矩阵通过初等变换化为零. 答案是肯定的, 这就是 "矩阵打洞" 技巧. 如果矩阵 A 可逆, 那么

$$\begin{bmatrix} A & B \\ C & D \end{bmatrix} \sim \begin{bmatrix} A & B \\ 0 & D - CA^{-1}B \end{bmatrix}$$

利用初等方阵和初等变换的关系, 上述变换写成等式就是

$$\begin{bmatrix} I & 0 \\ -CA^{-1} & I \end{bmatrix} \begin{bmatrix} A & B \\ C & D \end{bmatrix} = \begin{bmatrix} A & B \\ 0 & D - CA^{-1}B \end{bmatrix}$$

这种从形式上逐步推广的做法在数学研究中非常有效. 数学中大量的问题都可以通过这种形式获得新的发现. 另外, 由方阵求逆矩阵容易联想到研究一般矩阵的求逆阵的问题, 即广义逆矩阵的问题. 这是一个内容非常丰富且具有广泛应用的课题, 有兴趣的读者可参见文献 [14].

例 5.1 常系数线性常微分方程组的通解形式. 一阶常系数线性微分方程

$$y' = ay$$

的通解为

$$y = c\,\mathrm{e}^{ax}$$

其中 c 为任意常数. 从形式上看, 容易联想到更一般的微分方程

$$y' = Ay, \quad A \in \mathbb{R}^{n \times n}$$

由于这两个微分方程的形式完全一样, 因此, 希望其解也有相同的形式, 即

$$y = \mathrm{e}^{Ax} c$$

其中 c 为任意常数向量. 需要解决的基本问题是当 A 为矩阵时, e^{Ax} 是什么意思. 再一次纯粹由形式作类比, 应该将其定义为如下矩阵级数的和函数:

$$\mathrm{e}^{Ax} = \sum_{n=0}^{\infty} \frac{A^n x^n}{n!} \tag{5.1}$$

该矩阵级数收敛吗? 仿照验证级数收敛的处理办法, 有如下估计式:

$$\left\| \sum_{i=n}^{m} \frac{A^i x^i}{i!} \right\| \leqslant \sum_{i=n}^{m} \left\| \frac{A^i x^i}{i!} \right\| \leqslant \sum_{i=n}^{m} \frac{\|A\|^i |x|^i}{i!}$$

右端的级数满足 Cauchy 收敛序列的条件, 因而矩阵级数是收敛的. 进一步可以证明 $(\mathrm{e}^{Ax})' = A\mathrm{e}^{Ax}$. 这表明 $y = \mathrm{e}^{Ax} c$ 的确是线性常微分方程组的解.

数学学习和研究离不开丰富而有效的联想. 例如, 既然有前面所提到的矩阵指数函数, 自然可以想到矩阵的三角函数、对数函数等多种可能的形式 (表 5.1).

表 5.1

$\sin x = x - \dfrac{x^3}{3!} + \dfrac{x^5}{5!} - \cdots$	$\sin A = A - \dfrac{A^3}{3!} + \dfrac{A^5}{5!} - \cdots$
$\cos x = 1 - \dfrac{x^2}{2!} + \dfrac{x^4}{4!} - \cdots$	$\cos A = I - \dfrac{A^2}{2!} + \dfrac{A^4}{4!} - \cdots$
$\mathrm{e}^{\mathrm{i}x} = \cos x + \mathrm{i} \sin x$	$\mathrm{e}^{\mathrm{i}A} = \cos A + \mathrm{i} \sin A$
$\sin^2 x + \cos^2 x = 1$	$\overline{\sin A}^{\mathrm{T}} \sin A + \overline{\cos A}^{\mathrm{T}} \cos A = I$
$\dfrac{1}{1-x} = 1 + x + x^2 + \cdots \quad (|x| < 1)$	$(I - A)^{-1} = I + A + A^2 + \cdots \quad (\|A\| < 1)$

然而, 并不是说, 有关标量函数的那些公式都搬到矩阵函数中来. 作为一个新的、意义更加广泛的研究对象, 有许多问题需要加以深入研究. 例如, 矩阵乘法一般不满足交换律, 因此, 有的性质需要加上可交换的条件. 如果矩阵 A 与 B 是可以交换的, 即 $AB = BA$, 那么

$$e^{A+B} = e^A e^B$$

$$\sin(A + B) = \sin A \cos B + \cos A \sin B$$

$$\cos(A + B) = \cos A \cos B - \sin A \sin B$$

其次, 对于严格意义下的矩阵来说, 前面用矩阵级数表示的矩阵函数中, 各个矩阵级数实际上可以简化为一个有限和. 例如, 设矩阵 A 是 n 阶矩阵, $f(\lambda) = \det(\lambda I - A)$ 是它的特征多项式 (n 次多项式), 那么由 Hamilton-Cayley 定理有 $f(A) = 0$. 记

$$1 + \lambda + \lambda^2 + \cdots + \lambda^n + \cdots = q(\lambda)f(\lambda) + r(\lambda)$$

其中余式 $r(\lambda)$ 的次数不超过 $n - 1$. 因此, 当 $\|A\| < 1$ 时,

$$(I - A)^{-1} = I + A + A^2 + \cdots = r(A)$$

而对通常的实函数和复函数来说, 不存在这样的特征多项式, 因而无穷级数不能简化成类似的有限多项式的形式. 另外, 矩阵可视为有限维空间中的线性算子, 因而可考虑对一般的线性算子 A 按式 (5.1) 来定义算子指数函数. 但是该级数仅当 A 为有界算子时收敛, 当 A 为无界线性算子时, 不能直接采用幂级数的形式, 而需要引入线性算子半群理论, 有兴趣的读者可参见文献 [15].

矩阵理论中有很多种形式的分解, 如 LU 分解、QR 分解、奇异值分解等, 它们在矩阵分析、最优化和数值计算等问题中起着至关重要的作用. 下面考虑矩阵的极分解, 它是复数极分解的一种直接推广.

例 5.2 复数极分解的推广. 已经知道, 任何一个非零复数 z 都可以表示为

$$z = \rho(\cos\theta + i\sin\theta) = \rho e^{i\theta}$$

其中 ρ 为复数 z 的极径 (模), θ 为复数 z 的辐角. 这种表示除辐角相差 2π 的倍数外是唯一的. 称这种表示为复数的极分解, 并希望将此结论一般化. 下面的推广思路是容易理解的, 但有关结论的证明稍微难一点.

从数的角度来看, 复数已经是一种意义相当广泛的数, 当然可以考虑它更一般化的数的推广. 这里尝试把结论推广到有关矩阵的结论上去, 即希望一个复域上的矩阵 A 可以分解为

$$A = HU$$

在极分解中, 复数 z 不为零, 因此, 矩阵 A 应至少满足非零的条件, 在许多情况下, 这对应满秩或者可逆的条件. 极径 $r > 0$, 对应的矩阵 H 是 Hermite 正定矩阵, 复数 $e^{i\theta}$ 的模为 1, 对应的矩阵 U 应该是酉矩阵, $\overline{U}^T U = I$. 为清楚起见, 将这些对比放在表 5.2 中, 从而可以猜想有如下的结论: 任何复域上的满秩矩阵 A 皆可分解为 $A = HU$, 其中 H 为正定 Hermite 矩阵, U 为酉矩阵, 并且表示式是唯一的.

显然, 这个结论也可以以另一种形式出现: 任何复域上的满秩矩阵 A 皆可分解为 $A = U_1 H_1$, 其中 H_1 为正定 Hermite 矩阵, U_1 为酉矩阵, 并且表示式是唯一的.

表 5.2　复数与复矩阵的类比

复数 z	$z = \rho\nu$	$z \neq 0$	$\rho > 0$	$\bar{\nu}^{\mathrm{T}}\nu = 1$
复矩阵 A	$A = HU$	A 满秩	H 正定	$\overline{U}^{\mathrm{T}}U = I$

这里不打算详细地给出这个猜想的证明, 而是更多地利用类比法来理解这个结论及其证明的思路. 在复数的极分解中, 极径可以表示为 $\rho = \sqrt{z\bar{z}}$, 因此, 对于矩阵分解来说, 其中的矩阵 H 应该满足

$$H^2 = A\overline{A}^{\mathrm{T}}$$

有了正定 Hermite 矩阵 H 后, 将矩阵 U 取为

$$U = H^{-1}A$$

那么它必然是酉矩阵, 满足

$$\overline{U}^{\mathrm{T}}U = \overline{A}^{\mathrm{T}}\overline{H}^{-1}H^{-1}A = \overline{A}^{\mathrm{T}}(A\overline{A}^{\mathrm{T}})^{-1}A = I$$

事实上, 由于 A 满秩, 因此, $A\overline{A}^{\mathrm{T}}$ 必然是正定 Hermite 矩阵. 于是必存在酉矩阵 V, 使得

$$V A\overline{A}^{\mathrm{T}} V^{-1} = \mathrm{diag}(\lambda_1, \lambda_2, \cdots, \lambda_n), \quad \lambda_i \geqslant 0, \ \forall i = 1, 2, \cdots, n$$

进而取

$$H = V^{-1}\mathrm{diag}(\sqrt{\lambda_1}, \sqrt{\lambda_2}, \cdots, \sqrt{\lambda_n})V$$

则 $H^2 = A\overline{A}^{\mathrm{T}}$. 命题中还要求是唯一的, 实际上就是要证明如果 Hermite 正定矩阵 H_1, H_2 满足 $H_1^2 = H_2^2$, 那么必有 $H_1 = H_2$, 其证明略, 有兴趣的读者可参见文献 [10].

因此, 形式类比不仅发现了矩阵的极分解的结论, 也找到了其证明的思路和步骤, 剩下的事情就是将思路条理化、细致化和严密化.

例 5.3　重积分与曲面积分的坐标变换. 二重积分可利用直角坐标或极坐标计算, 三重积分可利用直角坐标、柱面坐标和球面坐标计算. 自然会问: 还有其他形式的坐标系 (坐标变换) 来计算吗? 以二重积分

$$\iint\limits_{D} f(x, y)\mathrm{d}x\mathrm{d}y$$

为例, 考察一般的坐标变换

$$T:\quad \begin{cases} x = x(u,v), \\ y = y(u,v), \end{cases} (u,v) \in \tilde{D}$$

下二重积分的计算. 假设该变换 T 是一一对应的, 关键步骤是要确定面积元素 $\mathrm{d}x\mathrm{d}y$ 和 $\mathrm{d}u\mathrm{d}v$ 之间有什么关系.

在区域 $\tilde{D}$ 内取代表性长方形区域 $[u, u+\mathrm{d}u] \times [v, v+\mathrm{d}v]$, 其面积就是 $\mathrm{d}u\mathrm{d}v$. 在变换 T 作用下, 得到 D 内一个曲边小块区域 ΔS, 按照以直代曲的原则, 需要找一个由切线段得到的四边形来代替. 为此, 考察下面两种特殊情况:

(1) 当 v 不变, 而令 u 增加到 $u+\mathrm{d}u$ 时, 以 u 为参数的曲线 $x=x(u,v)$, $y=y(u,v)$ 在点 (u,v) 处的切线方向上的切线段为

$$\mathbf{a} = (x_u(u,v), \, y_u(u,v), 0)\mathrm{d}u = \left(\frac{\partial x}{\partial u}(u,v), \, \frac{\partial y}{\partial u}(u,v), 0\right)\mathrm{d}u$$

(2) 当 u 不变, 而令 v 增加到 $v+\mathrm{d}v$ 时, 以 v 为参数的曲线 $x=x(u,v)$, $y=y(u,v)$ 在点 (u,v) 处的切线方向上的切线段为

$$\mathbf{b} = (x_v(u,v), \, y_v(u,v), 0)\mathrm{d}v$$

以直代曲就是用以 $\mathbf{a}$, $\mathbf{b}$ 为邻边构成的平行四边形来代替 ΔS 对应的块, 前者的面积为

$$\mathbf{a} \times \mathbf{b} = (x_u(u,v)y_v(u,v) - x_v(u,v)y_u(u,v))\mathrm{d}u\mathrm{d}v\,\mathbf{k}$$

的绝对值, 其中 $\mathbf{k}$ 为 z 轴正向的单位向量. 因此,

$$\mathrm{d}x\mathrm{d}y = |x_u(u,v)y_v(u,v) - x_v(u,v)y_u(u,v)|\mathrm{d}u\mathrm{d}v$$

利用行列式又可记为

$$\mathrm{d}x\mathrm{d}y = \left\| \begin{array}{cc} x_u(u,v) & x_v(u,v) \\ y_u(u,v) & y_v(u,v) \end{array} \right\| \mathrm{d}u\mathrm{d}v$$

于是

$$\iint\limits_{D} f(x,y)\mathrm{d}x\mathrm{d}y = \iint\limits_{\tilde{D}} f(x(u,v), y(u,v)) \left\| \begin{array}{cc} x_u(u,v) & x_v(u,v) \\ y_u(u,v) & y_v(u,v) \end{array} \right\| \mathrm{d}u\mathrm{d}v$$

类似地, 可以得到用参数方程表示的曲面面积的计算公式. 假设曲面 Σ 的方程为

$$\Sigma:\quad \begin{cases} x = x(u,v), \\ y = y(u,v), \quad (u,v) \in D \\ z = z(u,v), \end{cases}$$

由例 3.4 可知, 曲面面积可表示为

$$\iint\limits_{\Sigma} \mathrm{d}S = \iint\limits_{\sigma_{xy}} \frac{\mathrm{d}x\mathrm{d}y}{\cos\gamma}$$

其中 σ_{xy} 为曲面 Σ 在 xy 平面上的投影区域, γ 为切平面法向和由 z 轴正向的不超过 $\pi/2$ 的夹角. 需要分别处理被积式中的分子与分母.

首先, 当 v 不变, 而令 u 增加到 $u+\mathrm{d}u$ 时, 以 u 为参数的曲线 $x = x(u,v)$, $y = y(u,v)$, $z = z(u,v)$ 在点 (u,v) 处的切线方向可取为

$$\mathbf{a} = (x_u(u,v),\ y_u(u,v),\ z_u(u,v))$$

而当 u 不变, 而令 v 增加到 $v+\mathrm{d}v$ 时, 以 v 为参数的曲线 $x = x(u,v)$, $y = y(u,v)$, $z = z(u,v)$ 在点 (u,v) 处的切线方向可取为

$$\mathbf{b} = (x_v(u,v),\ y_v(u,v),\ z_u(u,v))$$

从而曲面的切平面法向可取为

$$\mathbf{a} \times \mathbf{b} = A\mathbf{i} + B\mathbf{j} + C\mathbf{k}$$

其中分量坐标 A, B, C 分别为

$$A = \begin{vmatrix} y_u(u,v) & z_u(u,v) \\ y_v(u,v) & z_v(u,v) \end{vmatrix}, \quad B = \begin{vmatrix} z_u(u,v) & x_u(u,v) \\ z_v(u,v) & x_v(u,v) \end{vmatrix}$$

$$C = \begin{vmatrix} x_u(u,v) & y_u(u,v) \\ x_v(u,v) & y_v(u,v) \end{vmatrix}$$

所以切平面法向对 z 轴正向的方向余弦为

$$\cos\gamma = \frac{|C|}{\sqrt{A^2 + B^2 + C^2}}$$

又由二重积分坐标变换公式可知 $\mathrm{d}x\mathrm{d}y = |C|\mathrm{d}u\mathrm{d}v$, 因此,

$$\iint\limits_{\Sigma} \mathrm{d}S = \iint\limits_{\sigma_{xy}} \frac{\mathrm{d}x\mathrm{d}y}{\cos\gamma} = \iint\limits_{D} \sqrt{A^2 + B^2 + C^2}\,\mathrm{d}u\mathrm{d}v$$

进一步整理可得

$$\iint\limits_{\Sigma} \mathrm{d}S = \iint\limits_{D} \sqrt{EG - F^2}\mathrm{d}u\mathrm{d}v$$

其中 $E = x_u^2 + y_u^2 + z_u^2$, $G = x_v^2 + y_v^2 + z_v^2$, $F = x_u x_v + y_u y_v + z_u z_v$.

建议读者理清楚上面的思路, 类似地推导出在具有一一对应条件的一般变换下的三重积分的计算公式, 并用柱面坐标和球面坐标变换加以检验.

5.2 条件弱化与结论强化

数学命题总是在一定的条件下成立, 人们总是希望在条件减弱后结论仍然成立, 或在相同条件下得到更强的结论.

例 5.4 设 $f(x)$ 在区间 $[a,b]$ 上绝对 Riemann 可积, 则有如下 Riemann 引理:

$$\lim_{n \to +\infty} \int_a^b f(x) \sin nx \mathrm{d}x = 0$$

它的一种特殊情况 "$f(x)$ 是以 2π 为周期的周期函数" 对应于的 Fourier 系数随着 n 逐渐增大而趋于零. 这里不打算给出 Riemann 引理的证明, 而是分析一下, 可以作一些什么样的推广. 命题中涉及 4 个数学量: 区间 $[a,b]$, 函数 $f(x)$ 和 $\sin x$, 极限变量 n. 对 $f(x)$ 要求其绝对可积, 这个条件在广义积分的情形一般是不能放松的. 考察如下几种情况:

(1) 这里积分区间是有限的, 因此, 可以探讨在无穷区间情形下是否也成立, 即纯粹从形式上来看, 是否有

$$\lim_{n \to +\infty} \int_a^{\infty} f(x) \sin nx \mathrm{d}x = 0$$

(2) 函数 $\sin x$ 是一个具体的以 2π 为周期的周期函数, 可以尝试将其替换为更一般的周期函数. 从而有猜想: 设函数 $g(x)$ 是以 T 为周期的可积函数, 则

$$\lim_{n \to +\infty} \int_a^b f(x) g(nx) \mathrm{d}x = 0$$

(3) 极限 $n \to \infty$ 是一种特殊的方式, 希望当把 n 换成连续变量 λ 时结论也对, 即猜想

$$\lim_{\lambda \to +\infty} \int_a^b f(x) \sin(\lambda x) \mathrm{d}x = 0$$

这些猜想对不对呢? 答案是情形 (1), (3) 中作出的猜想是对的, 而情形 (2) 中作出的猜想是错的, 此时正确的结果应为

$$\lim_{n \to +\infty} \int_a^b f(x) g(nx) \mathrm{d}x = \frac{1}{T} \int_0^T g(x)\mathrm{d}x \cdot \int_a^b f(x)\mathrm{d}x$$

结合情况 (3) 的结果又可以得到

$$\lim_{\lambda \to +\infty} \int_a^b f(x)g(\lambda x)\mathrm{d}x = \frac{1}{T} \int_0^T g(x)\mathrm{d}x \cdot \int_a^b f(x)\mathrm{d}x$$

从这里可以看出, 纯粹从形式上作类比推广会导致错误结果, 应该利用这种形式推广提供思考问题的方向, 并结合细致的分析和计算才能得到正确的结果. 这里所涉及的命题的证明可参见文献 [6].

例 5.5 一个几何命题的推广[12]. 在中学几何课已经知道, 正三角形内任何一点到到三边距离之和为一常数, 其证明不难. 设边长为 a, 则高为 $\sqrt{3}/2a$, 因此, 三角形的面积为

$$S = \frac{1}{2} \cdot a \cdot \frac{\sqrt{3}a}{2} = \frac{\sqrt{3}a^2}{4}$$

另一方面, 设三角形内一点 P 到各边的距离分别为 h_1, h_2, h_3, 那么三角形的面积又可以表示为

$$S = \frac{1}{2} \cdot a \cdot h_1 + \frac{1}{2} \cdot a \cdot h_2 + \frac{1}{2} \cdot a \cdot h_3 = \frac{a}{2}(h_1 + h_2 + h_3)$$

因此, 三个距离之和为常数

$$h_1 + h_2 + h_3 = \frac{\sqrt{3}a}{2}$$

将命题一般化, 首先可以想到的是对三角形的限制 "三条边相等" 可以放宽吗? 即结论对一般的三角形成立吗? 设三角形的三条边边长分别为 a, b, c, 三角形内点 P 到各边的距离分别为 h_1, h_2, h_3, 那么三角形的面积为

$$S = \frac{1}{2} \cdot a \cdot h_1 + \frac{1}{2} \cdot b \cdot h_2 + \frac{1}{2} \cdot c \cdot h_3$$

$$S = \sqrt{p(p-a)(p-b)(p-c)}, \quad p = \frac{1}{2}(a+b+c)$$

这样从直观上来看, 难以保证 $h_1 + h_2 + h_3$ 为常数. 为说明这一点, 需要找一个三角形, 其中 $h_1 + h_2 + h_3$ 不为常数. 一般的三角形有无穷多个, 应该找哪一个呢? 当然从简单的找起, 如等腰三角形、直角三角形等都很简单, 容易计算出 $h_1 + h_2 + h_3$. 以直角边长度为 1 的等腰直角三角形为例, 由非直角顶点出发的三条高的和是 1, 而由直角出发的三条高的和是 $1/\sqrt{2} < 1$. 因此, 对充分接近直角顶点的三角形内点的到三条边的距离之和小于斜边顶点附近的点到三条边的高之和.

既然对一般的三角形不成立, 考虑四边形. 先看特殊的四边形, 如正方形和长方形, 相应的结论都成立, 但对一般的四边形是不成立的. 例如, 取一个梯形, 由一边长为 1 的正方形和直角边长度为 1 的等腰直角三角形拼接而成的有两个直角的梯形, 那么由两个非直角的顶点作出的边高之和, 一个是 2, 一个是 3. 因此, 在充分接近非直角顶点处到 4 条边的距离之和是不同的.

正方形和长方形是两种不同的四边形, 它们的共同点是 4 个角相等, 都是 $\pi/2$, 这和等边三角形的三个角都是 $\pi/3$ 呈现出一种共性. 因此, 可以猜想: 在多边形的情形下, 应要求各个内角相等, 即猜想: n 个内角相等的凸 n 边形内的任意一点到各边的距离之和是一个常数.

为了证明猜想, 还是从正多边形这一简单情形做起. 设正 n 多边形的边长为 a, 其每一边所对的中心角为 $2\pi/n$, 内角为 $(n-2)\pi/n$, 用两种方法计算出来的面积分别为

$$S = \frac{na^2}{4}\cot\frac{\pi}{n}, \quad S = \frac{a}{2}(h_1 + h_2 + \cdots + h_n)$$

因此,

$$h_1 + h_2 + \cdots + h_n = \frac{na}{2}\cot\frac{\pi}{n}$$

但这个方法对证明一般凸多边形情形的结论没什么帮助, 因为内角相等的凸多边形并不要求各边相等. 这里关心的是各距离之和, 因此, 一种最直接的可能是把点到各边的距离算出来再计算各距离之和. 以下将看到用复数表示的距离公式应用起来比较方便[12].

设有一直线段由点 z_1 到点 z_2, 而 z 是线段外的一点. 从 z_1 到 z_2 方向 l_1 上的单位向量是 $(z_2 - z_1)/|z_2 - z_1|$, 从 z_1 到 z 方向 l_2 上的单位向量是 $(z - z_1)/|z - z_1|$, 由 l_1 旋转到 l_2 所转过的角度 φ 由下式决定:

$$\sin\varphi = \Im\left(\frac{z - z_1}{|z - z_1|} \Big/ \frac{z_2 - z_1}{|z_2 - z_1|}\right) = \Im\left(\frac{z - z_1}{z_2 - z_1} \cdot \frac{|z_2 - z_1|}{|z - z_1|}\right)$$

其中 $\Im(z)$ 表示复数 z 的虚部. 上式右端可进一步简化,

$$\begin{aligned}
\sin\varphi =& \Im\left(\frac{(z - z_1)(\bar{z}_2 - \bar{z}_1)}{(z_2 - z_1)(\bar{z}_2 - \bar{z}_1)} \cdot \frac{|z_2 - z_1|}{|z - z_1|}\right) \\
=& \frac{1}{|z_2 - z_1| \cdot |z - z_1|}\Im((z - z_1)(\bar{z}_2 - \bar{z}_1)) \\
=& \frac{1}{|z_2 - z_1| \cdot |z - z_1|}\Im(-z_1\bar{z}_2 + \bar{z}_2 z - z\bar{z}_1 + |\bar{z}_1|^2) \\
=& \frac{1}{|z_2 - z_1| \cdot |z - z_1|}\Im(\bar{z}_1 z_2 + \bar{z}_2 z + \bar{z} z_1)
\end{aligned}$$

从点 z 到连接 z_1 和 z_2 的线段的距离为

$$\delta = |z - z_1|\sin\varphi = \frac{1}{|z_2 - z_1|}\Im(\bar{z}_1 z_2 + \bar{z}_2 z + \bar{z} z_1)$$

这个公式所确定的距离是一个有向距离, 它的值可正可负. 当三点 z_1, z_2 和 z 的位置关系满足右手系时取正号, 而满足左手系时取负号.

现在, 为简单起见, 仅证明三角形的情形, 更一般的情形完全类似, 只是计算稍微复杂一点. 设在复平面上, 正三角形的三个顶点按逆时针方向分别用复数 z_1, z_2, z_3 表示, 三角形的内角为 $\varphi = \pi/3$, 外角为 $\theta = 2\pi/3$. 记 $\arg(z_2 - z_1) = \theta_0$, 那么

$$\arg(z_3 - z_2) = \theta_0 + \theta, \quad \arg(z_1 - z_3) = \theta_0 + 2\theta$$

$$\frac{z_2 - z_1}{|z_2 - z_1|} = \mathrm{e}^{\mathrm{i}\theta_0}, \quad \frac{z_3 - z_2}{|z_3 - z_2|} = \mathrm{e}^{\mathrm{i}\theta_0 + \theta}, \quad \frac{z_1 - z_3}{|z_1 - z_3|} = \mathrm{e}^{\mathrm{i}\theta_0 + 2\theta}$$

用 z 表示正三角形内任意一点, 它到由 z_1 到 z_2 的边的距离为

$$\begin{aligned}\delta_1 &= \frac{1}{|z_2 - z_1|} \Im(\bar{z}_1 z_2 + \bar{z}_2 z + \bar{z} z_1) \\ &= \frac{1}{|z_2 - z_1|} \Im(\bar{z}_1 z_2) - \Im\left(\bar{z} \frac{z_2 - z_1}{|z_2 - z_1|}\right) \\ &= \frac{1}{|z_2 - z_1|} \Im(\bar{z}_1 z_2) - \Im\left(\bar{z} \mathrm{e}^{\mathrm{i}\theta_0}\right)\end{aligned}$$

类似地, 可求得点 z 到另外两条边的距离分别为

$$\delta_2 = \frac{1}{|z_3 - z_2|} \Im(\bar{z}_2 z_3) - \Im\left(\bar{z} \mathrm{e}^{\mathrm{i}(\theta_0 + \theta)}\right)$$

$$\delta_3 = \frac{1}{|z_1 - z_3|} \Im(\bar{z}_3 z_1) - \Im\left(\bar{z} \mathrm{e}^{\mathrm{i}(\theta_0 + 2\theta)}\right)$$

利用 $\theta = 2\pi/3$, 直接计算可知

$$\Im\left(\bar{z} \mathrm{e}^{\mathrm{i}\theta_0}\right) + \Im\left(\bar{z} \mathrm{e}^{\mathrm{i}(\theta_0 + \theta)}\right) + \Im\left(\bar{z} \mathrm{e}^{\mathrm{i}(\theta_0 + 2\theta)}\right) = 0$$

因此, 三个距离之和为

$$\delta_1 + \delta_2 + \delta_3 = \frac{1}{|z_2 - z_1|} \Im(\bar{z}_1 z_2) + \frac{1}{|z_3 - z_2|} \Im(\bar{z}_2 z_3) + \frac{1}{|z_1 - z_3|} \Im(\bar{z}_3 z_1)$$

它与点 z 无关, 因而命题得证.

例 5.6　算术–几何平均值不等式的加强和推广. 设 $x_i > 0 (i = 1, \cdots, n)$, 记

$$A(n) = \frac{x_1 + x_2 + \cdots + x_n}{n}, \quad H(n) = \sqrt[n]{x_1 x_2 \cdots x_n}$$

那么算术–几何平均值不等式指的是 $A(n) \geqslant H(n)$, 其加强形式之一是例 3.9 中给出的 Rado-Popovic 不等式和 Popovic 不等式. 由于平均值不等式总是和函数的凹凸性相关联, 因而 Jensen 不等式有类似的加强形式不等式. 记

$$A_f(n) = \frac{f(x_1) + f(x_2) + \cdots + f(x_n)}{n}$$

$$H_f(n) = f(A(n)) = f\left(\frac{x_1 + x_2 + \cdots + x_n}{n}\right)$$

如果 $f''(x) > 0 \, (\forall x \in (a,b))$, 那么对任何 $\lambda \in (0,1)$ 有

$$f(\lambda x + (1-\lambda)y) \leqslant \lambda f(x) + (1-\lambda)f(y), \quad \forall x, y \in (a,b)$$

特别地,

$$f(A(k)) = f\left(\frac{k-1}{k}A(k-1) + \frac{1}{k}x_k\right) \leqslant \frac{k-1}{k}f(A(k-1)) + \frac{1}{k}f(x_k)$$

整理即得

$$k(A_f(k) - f(A(k))) \geqslant (k-1)(A_f(k-1) - f(A(k-1)))$$

从而

$$n(A_f(n) - f(A(n))) \geqslant (n-1)(A_f(n-1) - f(A(n-1))) \geqslant \cdots$$
$$\geqslant 2(A_f(2) - f(A(2))) \geqslant 0 \tag{5.2}$$

当 $f''(x) > 0 \, (\forall x \in (a,b))$ 时, 可得到类似的加强不等式. 特别地, 当取 $f(x) = \ln x$ 时, 该加强不等式是 Popovic 不等式; 取 $f(x) = e^x$ 时, 相应的加强不等式为 Rado-Popovic 不等式.

下面的不等式是王在华于 1991 年得到但没有发表的结果. 对 $\alpha_1, \alpha_2, \cdots, \alpha_n > 0$, 记

$$J_k(f,x,\alpha) = \sum_{i=1}^{k} \alpha_i \cdot \left(\frac{\displaystyle\sum_{i=1}^{k} \alpha_i f(x_i)}{\displaystyle\sum_{i=1}^{k} \alpha_i} - f\left(\frac{\displaystyle\sum_{i=1}^{k} \alpha_i x_i}{\displaystyle\sum_{i=1}^{k} \alpha_i}\right)\right)$$

如果 $f''(x) > 0 \, (x \in (a,b))$, 那么当 $x_1, x_2 \cdots, x_n \in (a,b)$ 时有

$$J_n(f,x,\alpha) \geqslant J_{n-1}(f,x,\alpha) \geqslant \cdots \geqslant J_2(f,x,\alpha) \geqslant 0 \tag{5.3}$$

当 $f''(x) < 0 \, (x \in (a,b))$ 时, 将上述不等式中的 $\geqslant$ 换成 $\leqslant$ 后仍然成立. 不等式 (5.3) 的证明过程和 (5.2) 的证明过程完全类似, 略去.

特别地, 利用 $f(x) = (1 + x^{1/p})^p$ 的凹凸性可以得到 Minkowski 不等式的加强形式

$$V_n^p - U_n^p \geqslant V_{n-1}^p - U_{n-1}^p \geqslant \cdots \geqslant V_2^p - U_2^p \geqslant 0$$

其中

$$U_n = \left(\sum_{i=1}^{n}(a_i + b_i)^p\right)^{1/p}, \quad V_n = \left(\sum_{i=1}^{n}a_i^p\right)^{1/p} + \left(\sum_{i=1}^{n}b_i^p\right)^{1/p}$$

事实上，

$$f''(x) = \frac{1-p}{p}(1 + x^{1/p})^{p-2} x^{1/p-2} < 0, \quad \forall x > 0$$

$$J_k(f, x, \alpha) = \sum_{i=1}^{k} \alpha_i (1 + x_i^{1/p})^p - \left(1 + \left(\frac{\displaystyle\sum_{i=1}^{k} \alpha_i x_i}{\displaystyle\sum_{i=1}^{k} \alpha_i}\right)^{1/p}\right)^p \cdot \sum_{i=1}^{k} \alpha_i$$

$$= \sum_{i=1}^{k} (\alpha_i^{1/p} + (\alpha_i x_i)^{1/p})^p - \left(\left(\sum_{i=1}^{k} \alpha_i\right)^{1/p} + \left(\sum_{i=1}^{k} \alpha_i x_i\right)^{1/p}\right)^p$$

如果取 $\alpha_i = a_i^p$，$\alpha_i x_i = b_i^p$ $(a_i, b_i \geqslant 0, p > 1)$，则

$$J_k(f, x, \alpha) = U_k^p - V_k^p$$

由不等式 (5.3) 即可得到 Minkowski 不等式的加强不等式.

类似地，利用不等式 (5.3) 还可以建立 Hölder 不等式的加强不等式以及更多的不等式.

习题 13　利用不同的凹凸函数 $f(x)$ 和不同 α_i 的值，构造出若干加强不等式.

许多数学量、表达式或命题表面上看没什么关联，但实际上可以在某个框架下统一起来，成为一个有机的整体.

例 5.7　平均值的推广 [7]. 已经有算术平均值、加权平均值、调和平均值和几何平均值

$$\frac{\displaystyle\sum_{i=1}^{n} x_i}{n}, \quad \sum_{i=1}^{n} \alpha_i x_i, \quad \frac{n}{\displaystyle\sum_{i=1}^{n} \frac{1}{x_i}}, \quad \sqrt[n]{x_1 x_2 \cdots x_n}$$

其中 $\displaystyle\sum_{i=1}^{n} \alpha_i = 1$，$\alpha_i \geqslant 0$ $(i = 1, \cdots, n)$. 既然它们都称为平均值，自然希望在形式上能将它们统一起来. 前两种平均值很容易统一起来，对调和平均值作一些变形，

$$\frac{n}{\displaystyle\sum_{i=1}^{n} \frac{1}{x_i}} = \left(\sum_{i=1}^{n} \frac{1}{n} x_i^{-1}\right)^{-1}$$

因此，前三种平均值可以统一为

$$\left(\sum_{i=1}^{n} \alpha_i x_i^{t}\right)^{1/t} \quad \text{或} \quad \left(\sum_{i=1}^{n} \alpha_i x_i^{t}\right)^{t}$$

几何平均值是一个连乘积的 n 次方根, 不能直接写成上面这种形式, 但希望是上述形式的一种极端情况, 第二种猜测达不到这样的要求 (这个表达式的量纲和数量 x_i 的量纲不一致). 而对第一种猜测形式, 利用 L'Hospital 法则可以证明

$$\lim_{t \to 0^+} \left(\sum_{i=1}^{n} \alpha_i x_i^{t} \right)^{1/t} = \prod_{i=1}^{n} x_i^{\alpha_i}$$

于是上述平均值可统一起来. 对正数 $x_1, x_2, \cdots, x_n > 0$, 记

$$x = (x_1, x_2, \cdots, x_n), \quad \frac{1}{x} = (x_1^{-1}, x_2^{-1}, \cdots, x_n^{-1}), \quad \alpha = (\alpha_1, \alpha_2, \cdots, \alpha_n)$$

其中 $\sum_{i=1}^{n} \alpha_i = 1$, $\alpha_i \geqslant 0 \, (i = 1, \cdots, n)$. 如果 $t \neq 0$, 则定义

$$M_t(x, \alpha) = \left(\sum_{i=1}^{n} \alpha_i x_i^{t} \right)^{1/t}, \quad M_{-t}(x, \alpha) = M_t \left(\frac{1}{x}, \alpha \right)$$

那么开始提到的 4 种平均值皆是它的特殊情况.

平均值之间存在一定的大小关系, 因此, 很自然地联想到要考察一般情况下平均值的单调性. 为此, 先收集一些简单情况的信息. 直接计算有

$$M_{-\infty}(x, \alpha) = \lim_{t \to -\infty} M_t(x, \alpha) = \min x$$
$$M_{+\infty}(x, \alpha) = \lim_{t \to +\infty} M_t(x, \alpha) = \max x$$

因此, 显然有

$$M_{-\infty}(x, \alpha) \leqslant M_{+\infty}(x, \alpha), \quad M_0(x, \alpha) \leqslant M_{+\infty}(x, \alpha)$$
$$M_0(x, \alpha) \leqslant M_1(x, \alpha), \quad M_{-1}(x, \alpha) \leqslant M_0(x, \alpha)$$

由这些结论, 可以猜想 $M_t(x, \alpha)$ 关于 t 是单调增加的.

结论到底对不对呢? 先找一些特例来支持或否定猜想. 例如, $M_1(x, \alpha) \leqslant M_2(x, \alpha)$ 成立吗? 此不等式等价于

$$\left(\sum_{i=1}^{n} \alpha_i x_i \right)^2 \leqslant \sum_{i=1}^{n} \alpha_i x_i^2$$

由 Cauchy 不等式可知, 它是成立的,

$$\left(\sum_{i=1}^{n} \alpha_i x_i \right)^2 = \left(\sum_{i=1}^{n} \alpha_i^{1/2} (\alpha_i x_i)^{1/2} \right)^2 \leqslant \sum_{i=1}^{n} \alpha_i x_i^2$$

因此, 有理由相信 $M_t(x, \alpha)$ 关于 t 是单调增的. 下面来证明这一猜想.

由于 $M_t(x,\alpha)$ 关于 t 是可导函数, 因此, 只需证明该导数是非负的. 但该导数的表达式比较复杂, 一种简单的办法是利用 "映射和反演变换" 去证明 $\dfrac{\mathrm{d}}{\mathrm{d}t}(\ln M_t) \geqslant 0$. 由于

$$\frac{\mathrm{d}}{\mathrm{d}t}(\ln M_t) = \frac{\displaystyle\sum_{i=1}^{n} \alpha_i x_i{}^t \ln x_i{}^t - \sum_{i=1}^{n} \alpha_i x_i{}^t \cdot \ln \sum_{i=1}^{n} \alpha_i x_i{}^t}{t^2 \displaystyle\sum_{i=1}^{n} \alpha_i x_i{}^t}$$

利用凹函数 $f(x) = x \ln x$ 的 Jensen 不等式

$$\sum_{i=1}^{n} \alpha_i f(x_i) \geqslant f\left(\sum_{i=1}^{n} \alpha_i x_i\right)$$

可知 $\dfrac{\mathrm{d}}{\mathrm{d}t}(\ln M_t) \geqslant 0$ 成立.

进一步, 对不同的凹凸函数 $f(x)$ 和不同的 x 及 α, 利用推广的平均值可以建立多个类似于 Popovic 不等式的加强不等式, 有兴趣的读者可以试一试.

习题 14 设 $x + y + z = 0$, 证明

$$\frac{x^2 + y^2 + z^2}{2} \cdot \frac{x^5 + y^5 + z^5}{5} = \frac{x^7 + y^7 + z^7}{7}$$

存在更一般的结论吗?

对不同命题采用统一的方法来证明也属于这类问题.

例 5.8 两个不等式的统一证明. 设 $\alpha_1, \alpha_2, \cdots, \alpha_n > 0$, $\beta_1, \beta_2, \cdots, \beta_n > 0$, 则有不等式 (I)

$$\left(\frac{\beta_1 + \beta_2 + \cdots + \beta_n}{\alpha_1 + \alpha_2 + \cdots + \alpha_n}\right)^{\alpha_1 + \alpha_2 + \cdots + \alpha_n} \geqslant \left(\frac{\beta_1}{\alpha_1}\right)^{\alpha_1} \left(\frac{\beta_2}{\alpha_2}\right)^{\alpha_2} \cdots \left(\frac{\beta_n}{\alpha_n}\right)^{\alpha_n}$$

又设 $s_1, s_2, \cdots, s_n > 0$, $t_1, t_2, \cdots, t_n > 0$ 以及

$$R(s_1, s_2, \cdots, s_n) = \frac{(s_1 + s_2 + \cdots + s_n)^{s_1 + s_2 + \cdots + s_n}}{s_1^{s_1} s_2^{s_2} \cdots s_n^{s_n}}$$

则有不等式 (II)

$$R(s_1, s_2, \cdots, s_n) \cdot R(t_1, t_2, \cdots, t_n) \leqslant R(s_1 + t_1, s_2 + t_2, \cdots, s_n + t_n)$$

其中不等式 (II) 为美国 *The American Mathematical Monthly* 第 91 卷第 4 期上的一个征解题. 这两个不等式之间看不出有什么明显的联系, 但由于不等式都涉及幂与乘积, 因此, 很自然地想到通过两边取对数, 再利用对数函数的性质给出统一证明. 具体的证明过程并不难.

首先, 前面已经多次提到, 由对数函数的 Taylor 展开式可知, 对 $f(x) = \ln x$ 和任何 $x_0, x > 0$, 存在介于 x_0 和 x 之间的 ξ, 使得

$$f(x) = f(x_0) + f'(x_0)(x - x_0) + \frac{f''(\xi)}{2!}(x - x_0)^2$$
$$\leqslant f(x_0) + f'(x_0)(x - x_0)$$

特别地, 对

$$x_0 = \frac{\beta_1 + \beta_2 + \cdots + \beta_n}{\alpha_1 + \alpha_2 + \cdots + \alpha_n}, \quad x = \frac{\beta_i}{\alpha_i}$$

有

$$\ln \frac{\beta_i}{\alpha_i} \leqslant \ln \frac{\beta_1 + \beta_2 + \cdots + \beta_n}{\alpha_1 + \alpha_2 + \cdots + \alpha_n} + \frac{1}{x_0}\left(\frac{\beta_i}{\alpha_i} - \frac{\beta_1 + \beta_2 + \cdots + \beta_n}{\alpha_1 + \alpha_2 + \cdots + \alpha_n}\right)$$

当 i 分别取 $1, 2, \cdots, n$ 时得到 n 个不等式, 分别用 α_i 乘以不等式的两边, 然后分别相加得到

$$\sum_{i=1}^{n} \alpha_i \ln \frac{\beta_i}{\alpha_i} \leqslant (\alpha_1 + \alpha_2 + \cdots + \alpha_n) \ln \frac{\beta_1 + \beta_2 + \cdots + \beta_n}{\alpha_1 + \alpha_2 + \cdots + \alpha_n}$$

由对数函数的性质即得不等式 (I).

对 $f(x) = \ln(1 + x)$ 和任何 $x_0, x > 0$ 也有 $f(x) \leqslant f(x_0) + f'(x_0)(x - x_0)$. 特别地, 对

$$x_0 = \frac{t_1 + t_2 + \cdots + t_n}{s_1 + s_2 + \cdots + s_n}, \quad x = \frac{t_i}{s_i}, \ i = 1, 2, \cdots, n$$

容易得到

$$\left(1 + \frac{t_1}{s_1}\right)^{s_1}\left(1 + \frac{t_2}{s_2}\right)^{s_2} \cdots \left(1 + \frac{t_n}{s_n}\right)^{s_n} \leqslant \left(1 + \frac{t_1 + t_2 + \cdots + t_n}{s_1 + s_2 + \cdots + s_n}\right)^{s_1 + s_2 + \cdots + s_n}$$

如果取

$$x_0 = \frac{s_1 + s_2 + \cdots + s_n}{t_1 + t_2 + \cdots + t_n}, \quad x = \frac{s_i}{t_i}, \ i = 1, 2, \cdots, n$$

又可得到

$$\left(1 + \frac{s_1}{t_1}\right)^{t_1}\left(1 + \frac{s_2}{t_2}\right)^{t_2} \cdots \left(1 + \frac{s_n}{t_n}\right)^{t_n} \leqslant \left(1 + \frac{s_1 + s_2 + \cdots + s_n}{t_1 + t_2 + \cdots + t_n}\right)^{t_1 + t_2 + \cdots + t_n}$$

这样得到的两个不等式两边分别相乘即得不等式 (II).

例 5.9 Newton-Raphson 迭代公式的加强. 迭代法是求解非线性方程 $f(x) = 0$ 的重要方法. 如果在第 n 步迭代已经求出 x_n, 并且还不是方程的根, 那么要想办法将其修正为 $x_{n+1} = x_n + h$, 使其满足或近似满足 $f(x_n + h) \approx 0$. 利用 $f(x_n + h)$ 的 Taylor 展开式

$$0 \approx f(x_n) + f'(x_n)h$$

即可得到著名的 Newton-Raphson 迭代公式

$$x_{n+1} = x_n - \frac{f(x_n)}{f'(x_n)}, \quad n \geqslant 0 \tag{5.4}$$

在单根情形下, 式 (5.4) 的收敛阶 (速度) 为 2. 为了提高收敛阶, 可利用高阶 Taylor 展开式. 例如,

$$0 \approx f(x_n) + f'(x_n)h + \frac{f''(x_n)}{2!}h^2$$

可以有多种办法由此得到修正量 h. 一种办法是直接求解, 这样 h 要用根式表达, 得到的迭代公式比较复杂,

$$x_{n+1} = x_n - \frac{2}{1 + \sqrt{1 - 2L_f(x_n)}} \frac{f(x_n)}{f'(x_n)} \tag{5.5}$$

其中

$$L_f(x) = \frac{f(x)f''(x)}{(f'(x))^2}$$

另一种做法是将 Taylor 展开式中的 h^2 用 $h^2 = (f(x_n))^2/(f'(x_n))^2$ 代替, 解出 h 得到

$$x_{n+1} = x_n - \left(1 + \frac{1}{2}L_f(x_n)\right) \frac{f(x_n)}{f'(x_n)} \tag{5.6}$$

这是 Chebyshev 迭代公式, 其收敛阶为 3. 还有一种做法是将二阶 Taylor 展开式变形为

$$f(x_n) + \left[f'(x_n) + \frac{f''(x_n)}{2!}h\right]h \approx 0$$

将括号内的 h 用前面 Newton-Raphson 公式中求出的 $h = -f(x_n)/f'(x_n)$ 代替, 然后解出 h, 得到如下具有三阶收敛速度的 Halley 迭代公式

$$x_{n+1} = x_n - \left(1 - \frac{1}{2}L_f(x_n)\right)^{-1} \frac{f(x_n)}{f'(x_n)} \tag{5.7}$$

一般来说, Padé 有理式逼近比 Taylor 多项式逼近有更好的精度, 因此, 可以考虑采用 Padé 逼近来表示 $f(x_n + h)$. 例如, 二次函数 $a + bh + ch^2$ 的低阶 Padé 逼近有

$$a + bh + ch^2 \approx \frac{ab + (b^2 - ac)h}{b - ch}$$

$$a + bh + ch^2 \approx \frac{(a^2c - ab^2) + (2abc - b^3)h}{(ac - b^2) + bch - c^2h^2}$$

$$a + bh + ch^2 \approx \frac{(2a^2bc - ab^3) + (-b^4 + 3ab^2c - a^2c^2)h}{(2abc - b^3) + (b^2c - ac^2)h - bc^2h^2 + c^3h^3}$$

设 x_n 是 $f(x) = 0$ 的一个近似解, 记 $a = f(x_n)$, $b = f'(x_n)$, $c = f''(x_n)/2$, 那么利用上述 Padé 逼近公式, 分别得到如下迭代格式:

$$x_{n+1} = x_n - \left(1 - \frac{1}{2}L_f(x_n)\right)^{-1} \frac{f(x_n)}{f'(x_n)}$$

$$x_{n+1} = x_n - \frac{1 - \frac{1}{2}L_f(x_n)}{1 - L_f(x_n)} \cdot \frac{f(x_n)}{f'(x_n)}$$

$$x_{n+1} = x_n - \frac{1 - L_f(x_n)}{1 - \frac{3}{2}L_f(x_n) + \frac{1}{4}(L_f(x_n))^2} \cdot \frac{f(x_n)}{f'(x_n)}$$

更一般地, 应该积极尝试将不同学科领域的知识、方法关联起来, 促进知识融合, 找到新的研究问题与研究领域. 例如, 由于精确求解非线性微分方程存在固有困难, 自然希望迭代法也可以用来求解非线性微分方程.

事实上, 在常微分方程理论中, 正是通过构造 Picard 函数迭代序列, 证明在一定条件下, 迭代序列的一致收敛极限正好是微分方程初值问题的解. 但这个方法过于一般化, 很难用于实际问题的求解中. 需要针对特殊类型的微分方程或者微分方程的特殊类型的解来研究是否可以采用迭代法求解.

这里关心微分方程的周期解. 非线性微分方程产生周期解的方式多种多样, 其中 Hopf 分岔是常见的一种方式. 考察非线性微分方程

$$\dot{x} = f(x, \mu), \quad x \in \mathbb{R}^n$$

满足 $f(0, \mu) = 0$ $(\forall \mu \in (a, b))$, 即 $x = 0$ 是平衡点 (平衡态). 假设存在 $\mu_0 \in (a, b)$, 使得

(1) 当 $\mu = \mu_0$ 时, 线性化微分方程有一对纯虚根, 但其他的特征根都具有负实部;

(2) 在 μ_0 左、右两边附近, 平衡点 $x = 0$ 的稳定性相反, 一边是渐近稳定, 一边是不稳定. 由于平衡点失稳, 方程出现周期解.

此时, 称微分方程在 $\mu = \mu_0$ 处发生 Hopf 分岔. 在 Hopf 分岔点附近, 即当 $\mu - \mu_0$ 很小时, (非退化)Hopf 分岔产生的周期解的主要部分形如

$$x = r\cos(\omega t + \theta)$$

其中 r 和 θ 为常数. 可选取适当的初始条件, 使得 $\theta = 0$. 有关严格的表述可参见文献 [13]. 下面采用迭代法来求解分岔周期解.

例 5.10 考察带参数 $\alpha > 0$ 的常微分方程

$$\dddot{y} + \alpha\ddot{y} + \beta\dot{y} + y(1 - y^2) = 0 \tag{5.8}$$

其中 $\beta > 0$ 为常数. 平衡态 $y = 0$ 的特征多项式为

$$p(\lambda, \alpha) = \lambda^3 + \alpha\lambda^2 + \beta\lambda + 1$$

(1) 当 $\alpha > \alpha_0 := 1/\beta$ 时, $p(\lambda, \alpha)$ 的根 λ 皆具有负实部, 因此, $y = 0$ 渐近稳定;

(2) $p(\lambda, \alpha_0)$ 有一对简单的纯虚根 $\lambda_{1,2} = \pm i\sqrt{\beta}$ 和一个负实根 $\lambda_3 = -1/\beta$;

(3) 当 $0 < \alpha < \alpha_0$ 时, $p(\lambda, \alpha)$ 有一对具有正实部的根, 因而 $y = 0$ 不稳定.

因此, 对 $0 < \alpha < \alpha_0$ 且在 α_0 附近的 α 值, 方程存在由 Hopf 分岔产生的周期解.

当 $\varepsilon = \alpha - \alpha_0$ 很小时, 以 $y_0(t) = r\cos(\sqrt{\beta}t)$ 为初始迭代, 定义

$$\ddot{y}_{k+1} = \ddot{y}_k - [\dddot{y}_k + \alpha\ddot{y}_k + \beta\dot{y}_k + y_k(1 - y_k^2)], \quad k = 0, 2, \cdots \tag{5.9}$$

那么一次迭代为

$$y_1 = \left(r - r\varepsilon - \frac{3}{4\beta}r^3\right)\cos(\sqrt{\beta}t) - \frac{1}{36\beta}r^3\cos(3\sqrt{\beta}t)$$

如果 $y_0(t)$ 足够精确, 那么 y_1 中关于 $\cos(\sqrt{\beta}t)$ 的系数应该足够接近 r, 因此有

$$4\beta\varepsilon + 3r^2 = 0$$

正解 $r = 2\sqrt{-\beta\varepsilon/3}$ 存在仅当 $\varepsilon < 0$. 此时, 除了一个相位角的平移外, 所求周期解近似为

$$y(t) \approx y_0(t) = 2\sqrt{\frac{-\beta\varepsilon}{3}}\cos(\sqrt{\beta}t) \tag{5.10}$$

或者用修正后的 $y_1(t)$ 作为近似解,

$$y(t) \approx y_1(t) = 2\sqrt{\frac{-\beta\varepsilon}{3}}\cos(\sqrt{\beta}t) + \frac{2\varepsilon}{27}\sqrt{\frac{-\beta\varepsilon}{3}}\cos(3\sqrt{\beta}t) \tag{5.11}$$

如图 5.1 所示, 分岔周期解的迭代近似与数值计算结果吻合得非常好.

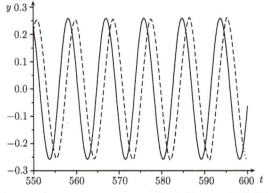

图 5.1　当 $\varepsilon = -0.1$, $\beta = 0.5$ 时, 方程 (5.8) 的稳态解

实线是 (5.10) 给出的近似解, 虚线是数值解

5.3 常数变量化

数学中的许多命题含有一些参数, 它们是常数, 但可以在一定范围内任意取值, 在这种情况下, 将其中的某些常数 (参数) 变量化, 然后利用函数的观点去研究常常是非常有效的. 下列三个在考研辅导书中经常出现的积分不等式就可以利用这种方法证明.

习题 15 证明下列积分不等式:

(1) 设 $f(x)$ 在区间 $[a,b]$ 上连续且单调递增, 证明

$$\int_a^b xf(x)\mathrm{d}x \geqslant \frac{a+b}{2}\int_a^b f(x)\mathrm{d}x$$

(2) 设 $f(x)$ 在区间 $[0,1]$ 上有连续导数, 并且 $f(0)=0, 0<f'(x)<1$, 证明

$$\left(\int_0^1 f(x)\mathrm{d}x\right)^2 > \int_0^1 f^3(x)\mathrm{d}x$$

(3) 设函数 $f(x), g(x)$ 在 $[a,b]$ 连续, 证明 Cauchy 不等式

$$\left(\int_a^b f(x)g(x)\mathrm{d}x\right)^2 \leqslant \int_a^b f^2(x)\mathrm{d}x \cdot \int_a^b g^2(x)\mathrm{d}x$$

为了说明这一思想, 再看一些例子.

例 5.11 计算三阶 Vandermonde 行列式

$$V_3 = \begin{vmatrix} 1 & a & a^2 \\ 1 & b & b^2 \\ 1 & c & c^2 \end{vmatrix}$$

这个低阶行列式可以用定义、初等变换等进行计算. 下面采用另一种思路. 引入变量 x 代替常数 a, 而保持 b, c 不变, 得到一个二次多项式 $F(x)$, 如果能求得 $F(x)$ 的表达式, 则 $F(a)$ 即是所求行列式的值. 由于 $F(b)=F(c)=0$, 所以 $F(x)$ 必含有因式 $(x-b)(x-c)$. 因此,

$$F(x) = k(x-b)(x-c)$$

其中常数 k 为 x^2 所对应的代数余子式, 可求得 $k=c-b$, 故 $F(x)=(c-b)(x-b)(x-c)$, 所以 $V_3=(a-b)(b-c)(c-a)$.

在应用常数变量化这个技巧方面, 最典型的是求解常微分方程的常数变易法, 它在一般的 Banach 空间中也是适用的. 类似的思路在非线性动力学中广泛应

用. 下面由已经熟悉的常数变易法为起点, 通过有效的联想, 介绍平均法、能量法、Lyapunov 函数法和首次积分法的基本思想.

例 5.12　当 $\varepsilon > 0$ 充分小时, van der Pol 振子

$$\ddot{x} - \varepsilon(1 - x^2)\dot{x} + x = 0$$

有唯一的周期解, 求周期解的近似表达式.

这是一个非线性方程, 要精确地求出其周期解是不可能的, 其困难来自非线性项 $\varepsilon x^2 \dot{x}$. 为了获得对周期解的初步认识, 还是从简单的情形做起. 当 $\varepsilon = 0$ 时, 方程退化为无阻尼的线性振动方程 $\ddot{x} + x = 0$, 它的解可以表示为 $x = r\cos(t + \theta)$, 其中振幅 r 和辐角 θ 为常数, 由初始条件确定. 此时有 $\dot{x} = -r\sin(t + \theta)$.

当 $\varepsilon > 0$ 时, 类似于求解一阶非齐次线性微分方程的常数变易法, 猜想方程的周期解还是这种形式, 但振幅 r 和辐角 θ 不是常数, 而是时间 t 的函数. 因此, 采用变换

$$\begin{cases} x(t) = r(t)\cos(t + \theta(t)) \\ \dot{x}(t) = -r(t)\sin(t + \theta(t)) \end{cases} \tag{5.12}$$

将 van der Pol 方程化为如下微分方程组:

$$\begin{cases} \dot{r} = \dfrac{\varepsilon}{8} r \left(4(1 - \cos(2t + 2\theta(t))) - (1 - \cos(4t + 4\theta))r^2\right) \\ \dot{\theta} = -\dfrac{\varepsilon}{8} \left(-4\sin(2t + 2\theta) + (2\sin(2t + 2\theta) + \sin(4t + 4\theta))r^2\right) \end{cases}$$

从形式上看, 这个方程组比原方程更为复杂, 同样无法求出周期解, 但是上述方程组的右端都出现了一个小量因子 ε, 这意味着对充分小的 ε 有

$$\dot{r} \approx 0, \quad \dot{\theta} \approx 0$$

这表明 r 和辐角 θ 是两个变化非常缓慢的变量, 因而方程组的右端表达式中的 r 和辐角 θ 可近似看成常数, 从而右端函数为以 π 为周期的周期函数, 可以分别用它们在一个周期区间内的平均值来代替

$$\begin{cases} \dot{r} = \dfrac{1}{\pi} \displaystyle\int_0^\pi \dfrac{\varepsilon}{8} r \left(4(1 - \cos(2t + 2\theta(t))) - (1 - \cos(4t + 4\theta))r^2\right) \mathrm{d}t \\ \dot{\theta} = -\dfrac{1}{\pi} \displaystyle\int_0^\pi \dfrac{\varepsilon}{8} \left(-4\sin(2t + 2\theta) + (2\sin(2t + 2\theta) + \sin(4t + 4\theta))r^2\right) \mathrm{d}t \end{cases}$$

直接计算积分得到 van der Pol 方程的平均化方程组为

$$\begin{cases} \dot{r} = \dfrac{1}{8}\varepsilon\, r\,(2 - r)(2 + r) \\ \dot{\theta} = 0 \end{cases}$$

其中 r 的物理意义为周期解的振幅. 由于平均化方程中它的变化与 θ 无关, 所以稳态运动的特征可由平均化方程

$$\dot{r} = \frac{1}{8}\varepsilon\, r\,(2-r)(2+r)$$

完全确定. 这个方程有两个非负平衡点 $r = 0$ 和 $r = 2$, 前者是不稳定的, 对应于 van der Pol 振子的平凡解 $x = 0$ 是不稳定的, 后者是稳定的平衡点, 因为其线性化方程 $\dot{r} = -\varepsilon r$ 的零解是渐近稳定的, 对应于 van der Pol 振子的非平凡周期解 $x \approx 2\cos(t+\theta)$ 是稳定的. 这种求解周期解的方法在非线性动力学理论中称为 "平均法". 进一步的介绍可参见文献 [16].

进一步, 利用数值模拟可以知道, 对充分小的 ε, 平均法求得的周期解近似 $x \approx 2\cos(t+\theta)$ 可以得到非常满意的结果, 请读者自己完成数值实验.

注意到振幅 r 和振子的位移与速度有明确的关系式

$$r^2 = x^2 + \dot{x}^2$$

等于 van der Pol 振子的能量的两倍, 其中 $\dot{x}^2/2$ 为动能. $x^2/2$ 为势能. 因此, 前面的分析表明, 可以通过分析系统能量的变换来达到研究平衡点和周期运动及其稳定性.

事实上, 采用 E 表示能量函数, 即

$$E = \frac{1}{2}x^2 + \frac{1}{2}\dot{x}^2$$

功函数为

$$\dot{E} = (\ddot{x}+x)\dot{x} = \varepsilon(1-x^2)\dot{x}^2$$

当 ε 充分小时, van der Pol 方程的解和 $\ddot{x}(t) + x(t) = 0$ 的解相差很小, 即

$$x \approx r\cos(t+\theta)$$

因此,

$$\dot{E} \approx \varepsilon(1 - r^2\cos^2(t+\theta))r^2\sin^2(t+\theta)$$

因为 $\dot{E} \approx 0$, 所以 E 为慢变的周期函数, 因而可用平均功来代替功函数, 即

$$\dot{E} \approx \frac{1}{2\pi}\int_0^{2\pi} \varepsilon(1 - r^2\cos^2(t+\theta))r^2\sin^2(t+\theta)\mathrm{d}t$$
$$= \frac{1}{8}\varepsilon\, r^2\,(2-r)(2+r)$$

在 $r = 0$ 附近有 $\dot{E} > 0$, 对应于 van der Pol 振子的平凡解 $x = \dot{x} = 0$ 是不稳定的. 而 $r = 2$(对应半径为 2 的圆) 将平面分为两部分, 在圆内有 $\dot{E} > 0$, 在圆外有 $\dot{E} < 0$, 这表明对应于 van der Pol 振子的非平凡周期解 $x \approx 2\cos(t+\theta)$ 是渐近稳定的. 振幅 r 与能量 E 的对比如表 5.3 所示.

表 5.3 谐波振动振幅与能量的对比

振幅 r	$r = \sqrt{x^2 + \dot{x}^2}$	$\dot{r} \approx \frac{1}{2}\varepsilon r - \frac{1}{8}\varepsilon r^3$
能量 E	$E = \frac{1}{2}x^2 + \frac{1}{2}\dot{x}^2$	$\dot{E} \approx \frac{1}{2}\varepsilon r^2 - \frac{1}{8}\varepsilon r^4$

能够求出解析解的微分方程极少, 而能量法避免了直接求解微分方程, 因此, 具有重要的科学意义. 作为一个特殊系统, van der Pol 振子有明显的物理意义, 有能量函数, 但对多数微分方程来说, 情况更加复杂, 能够用类似的方法讨论平衡点的稳定性吗? 答案是肯定的. 俄国数学家 Lyapunov 于 1892 年在他著名的博士学位论文《运动稳定性的一般问题》中, 受力学系统的能量函数及其随时间变化的特性可以决定平衡点稳定性的启发, 引入了后来称为 Lyapunov 函数的判别函数来讨论平衡点的稳定性. 这一划时代的工作意义深远, 成为稳定性理论中最重要的成果之一, 至今还吸引着许多学者对这一方法开展研究. 有关这方面的研究进展可参考文献 [17].

当 $\varepsilon = 0$ 时, $\ddot{x} + x = 0$ 是一个保守系统, 满足能量守恒定理. 能量是一个守恒量, 更一般的守恒量包括力学系统 Hamilton 函数. 如果避开系统的具体物理意义, 则守恒量在一般的数学意义下是微分方程的首次积分. 因此, 可以研究更一般的问题.

例 5.13 利用首次积分研究稳定性. 考虑平面系统

$$\begin{cases} \dot{x} = g_1(x, y) \\ \dot{y} = g_2(x, y) \end{cases}$$

假设 $(x, y) = (0, 0)$ 是它的唯一平衡点, 并且是真中心, 由点 $(0, A)$ 出发的闭轨方程为

$$\Gamma_A : \begin{cases} x = \phi(t, A) \\ y = \psi(t, A) \end{cases}$$

其周期为 $T(A)$. 假设

$$F(x, y) = C$$

是该方程组的首次积分, 其图像是一族围绕原点的闭曲线. 当 C 值越大时, 闭曲线 $F(x, y) = C$ 所围的区域也越大. 进一步考虑平面系统经过微小扰动以后的系统方程

$$\begin{cases} \dot{x} = g_1(x, y) + \varepsilon f_1(x, y) \\ \dot{y} = g_2(x, y) + \varepsilon f_2(x, y) \end{cases}$$

下面研究它是否存在极限环 (孤立的周期解).

既然首次积分和能量函数的作用类似, 考察首次积分函数沿系统轨线的变化率

$$\dot{F} = F_x \dot{x} + F_y \dot{y} = (g_1 + \varepsilon f_1) F_x + (g_2 + \varepsilon f_2) F_y$$

由于 $F(x,y) = C$ 首次积分, 所以 $F_x g_1 + F_y g_1 = 0$, 因此, $\dot{F} = \varepsilon(f_1 F_x + f_2 F_y)$. 当 ε 充分小时, 方程的解有如下形式:

$$x \approx \phi(t, A), \quad y \approx \psi(t, A)$$

因此,

$$\begin{aligned}
\dot{F} = &\varepsilon(f_1(\phi(t, A), \psi(t, A))F_x(\phi(t, A), \psi(t, A)) \\
&+ f_2(\phi(t, A), \psi(t, A))F_y(\phi(t, A), \psi(t, A)))
\end{aligned}$$

因为 $\dot{F} \approx 0$ 且 $\dot{F}$ 是 t 的周期为 $T(A)$ 的周期函数, 所以可用一个周期内的平均值来代替, 即

$$\begin{aligned}
\dot{F} \approx &\frac{\varepsilon}{T(A)} \int_0^{T(A)} (f_1(\phi(t, A), \psi(t, A))F_x(\phi(t, A), \psi(t, A)) \\
&+ f_2(\phi(t, A), \psi(t, A))F_y(\phi(t, A), \psi(t, A)))\mathrm{d}t
\end{aligned}$$

于是定义函数

$$\begin{aligned}
\Phi(A) = &\int_0^{T(A)} (f_1(\phi(t, A), \psi(t, A))F_x(\phi(t, A), \psi(t, A)) \\
&+ f_2(\phi(t, A), \psi(t, A))F_y(\phi(t, A), \psi(t, A)))\mathrm{d}t
\end{aligned}$$

期望可以由 $\Phi(A)$ 的性质来决定闭轨的存在性和稳定性.

特别地, 以前面讨论过的 van der Pol 振子为例, 首次积分是 $x^2 + y^2 = C$, 其中 $y = \dot{x}$, 因此, 无扰系统过点 $(0, A)$ 的周期解为 $x = A\sin t$, $y = A\cos t$, 函数 $\Phi(A)$ 为

$$\begin{aligned}
\Phi(A) &= \int_0^{2\pi} (1 - x^2)y^2 \mathrm{d}t = \int_0^{2\pi} (1 - A^2\cos^2 t)A^2\sin^2 t\mathrm{d}t \\
&= \pi A^2 \left(1 - \frac{A^2}{4}\right)
\end{aligned}$$

除一个正常数因子外, $\Phi(A)$ 与前面的功函数是一致的, 因而的确可以由 $\Phi(A)$ 的性质来决定 van der Pol 振子的闭轨存在性和稳定性.

一般地, 有下面的结论:

(1) 对充分小的 ε, 扰动系统在闭轨 Γ_{A_0} 附近存在闭轨的必要条件是 $\Phi(A_0) = 0$.

(2) 若 $A_0 > 0$, $\Phi(A_0) = 0$, 又 $\Phi(A_0)$ 不是极值, 则对充分小的 ε, 平面扰动系统在 Γ_{A_0} 附近存在闭轨.

(3) 如果 $\Phi(A_0) = \Phi'(A_0) = \cdots = \Phi^{2k}(A_0) = 0$ 且 $\Phi^{2k+1}(A_0) < 0$, 则对充分小的 ε, 平面扰动系统在 Γ_{A_0} 附近存在闭轨. 当 $\varepsilon > 0$ 时, 闭轨是稳定的; 当 $\varepsilon < 0$ 时, 闭轨是不稳定的; 当 $\Phi^{2k+1}(A_0) > 0$ 时, 稳定性结论刚好相反.

结论的证明可参见文献 [13].

上述结论刻画了扰动系统存在极限环周期解的条件和稳定性的判据, 但在实际应用时, 仍然还有许多问题没有回答, 特别重要的是: ① 由首次积分如何确定无扰系统的闭轨方程 $x = \phi(t, A)$, $y = \psi(t, A)$ 及周期 $T(A)$? ② 当 A 以参数形式出现时, 如何计算 $\Phi(A)$ 所定义的积分?

第 6 章

分数阶微分方程简介

人类对数的认识经历了从整数到分数, 从有理数到无理数, 从实数到复数这样一个从简单到复杂的过程, 每前进一步都经历了一段漫长的时间. 对导数的认识也是如此. 已经知道, 整数阶导数的概念可以推广为分数阶导数, 甚至可以推广到实数阶或复数阶导数. 作为一般化的一个例子, 本章根据经典微积分成立的一些结论, 按一种合理的方式来简要介绍分数阶导数和分数阶微分方程. 对这一主题的详细讨论可参见文献 [18, 19].

6.1 分数阶导数

在大家熟悉的经典微积分中, 导数都是整数阶的. 说函数的一阶导数、二阶导数、十阶导数, 而不会说函数的 $1/2$ 阶导数或 $\sqrt{2}$ 阶导数. 但实际上, 早在 1695 年 9 月 30 日, 法国数学家 L'Hospital 在给德国数学家 Leibniz 的信件中就提出了这样一个问题: 如果采用通常使用的导数记号 $\dfrac{\mathrm{D}^n x}{\mathrm{D} x^n}$, 那么当 $n = 1/2$ 时, 这个表达式的结果是什么? Leibniz 的回复是 "an apparent paradox from which, one day, useful consequences will be drawn". 这就是分数阶导数概念最早的源头. 分数阶导数可以按多种不同的方式来定义, 常用的包括 Riemann-Liouville 定义、Caputo 定义和 Grünwald-Letnikov 定义等.

首先, 回顾导数的定义, 如果函数 $f(t)$ 具有 $n(n \geqslant 1)$ 阶导数, 那么

$$f'(t) = \lim_{h \to 0} \frac{f(t+h) - f(t)}{h} = \lim_{h \to 0} \frac{f(t) - f(t-h)}{h}$$

$$f''(t) = \lim_{h \to 0} \frac{f'(t+h) - f'(t)}{h}$$

$$= \lim_{h_1 \to 0} \frac{1}{h_1} \left(\lim_{h_2 \to 0} \frac{f(t+h_1+h_2) - f(t+h_1)}{h_2} - \lim_{h_2 \to 0} \frac{f(t+h_2) - f(t)}{h_2} \right)$$

特别地, 取 $h_1 = h_2 = h$, 那么

$$f''(t) = \lim_{h \to 0} \frac{f(t+2h) - 2f(t+h) + f(t)}{h^2}$$

$$= \lim_{h \to 0} \frac{f(t) - 2f(t-h) + f(t-2h)}{h^2}$$

类似地有

$$f'''(t) = \lim_{h \to 0} \frac{f(t) - 3f(t-h) + 3f(t-2h) - f(t-3h)}{h^3}$$

如此继续下去可得

$$f^{(n)}(t) = \lim_{h \to 0} \frac{1}{h^n} \sum_{m=0}^{n} (-1)^m \begin{pmatrix} n \\ m \end{pmatrix} f(t-mh)$$

其中二项数定义为

$$\begin{pmatrix} n \\ m \end{pmatrix} = \frac{n!}{m!(n-m)!}$$

当试图将整数阶导数推广到非整数阶导数时, 要解决的关键问题有两个, 一是二项数如何定义, 二是和式中有多少项. 在经典微积分中, 和二项数有关的问题有将 $(1+x)^n$ 展开成幂级数的问题. 如果 n 为正整数, 那么该展开式是一个 n 次多项式, 共有 $n+1$ 项, 可以表示为

$$(1+x)^n = 1 + nx + \frac{n(n-1)}{1 \cdot 2} x^2 + \frac{n(n-1)(n-2)}{1 \cdot 2 \cdot 3} x^3 + \cdots + nx^{n-1} + x^n$$

当 $n = \alpha$ 不是正整数时, $(1+x)^\alpha$ 的展开式不是一个多项式, 而是一个幂级数,

$$(1+x)^\alpha = 1 + \alpha x + \frac{\alpha(\alpha-1)}{1 \cdot 2} x^2 + \frac{\alpha(\alpha-1)(\alpha-2)}{1 \cdot 2 \cdot 3} x^3 + \cdots$$

和二项数的计算公式作类比, 如果规定

$$\begin{pmatrix} \alpha \\ 1 \end{pmatrix} = \alpha, \quad \begin{pmatrix} \alpha \\ 2 \end{pmatrix} = \frac{\alpha(\alpha-1)}{1 \cdot 2}, \quad \begin{pmatrix} \alpha \\ 3 \end{pmatrix} = \frac{\alpha(\alpha-1)(\alpha-2)}{1 \cdot 2 \cdot 3}, \quad \cdots$$

那么无论 α 为正整数还是非整实数, $(1+x)^\alpha$ 的展开式均可统一表示为

$$(1+x)^\alpha = \sum_{m=0}^{\infty} \begin{pmatrix} \alpha \\ m \end{pmatrix} x^m$$

受此启发, 对非正整数 α, 可定义分数阶 Grünwald-Letnikov 导数 $f^{(\alpha)}(t)$ 如下:

$$f^{(\alpha)}(t) = \lim_{h \to 0} \frac{1}{h^\alpha} \sum_{m=0}^{\infty} (-1)^m \begin{pmatrix} \alpha \\ m \end{pmatrix} f(t-mh)$$

更多的细节略去.

下面从另一个角度来引入分数阶导数的定义. 已经知道, 由整数到分数, 首先是推广自然数的倒数, 因此, 首先要理清楚整数阶导数及其"倒数"(逆运算: 积分)之间的关系. 定义求导算子 D 和求积算子 J_a 如下:

$$\mathrm{D}f(t) = f'(t)$$

$$J_a f(t) = \int_a^t f(\xi)\mathrm{d}\xi$$

那么

$$\mathrm{D}J_a f(t) = f(t), \quad J_a \mathrm{D}f(t) = f(t) - f(a)$$

这表明求导算子 D 是求积算子 J_a 的左逆算子, 并且这两个算子一般来说不具有交换性. 进一步, 对任何自然数 n 有

$$\mathrm{D}^n J_a^n f(t) = f(t)$$

即算子 D^n 是算子 J_a^n 的左逆算子. 现在对连续函数 $f(t)$, 反复应用分部积分法可得

$$\begin{aligned}
J_a^n f(t) &= \int_a^t \mathrm{d}t_1 \int_a^{t_1} \mathrm{d}t_2 \cdots \int_a^{t_{n-1}} f(t_n)\mathrm{d}t_n \\
&= \frac{1}{(n-1)!} \int_a^t (t-\tau)^{n-1} f(\tau)\mathrm{d}\tau \\
&= \frac{1}{(n-1)!} \int_a^t \frac{f(\tau)}{(t-\tau)^{1-n}}\mathrm{d}\tau
\end{aligned}$$

由于积分是导数的左逆运算, 因此, 上式也可以形式地写成如下关系:

$$\mathrm{D}^{-n} f(t) = J_a^n f(t) = \frac{1}{(n-1)!} \int_a^t \frac{f(\tau)}{(t-\tau)^{1-n}}\mathrm{d}\tau$$

因此, 对非正整数 $\alpha > 0$, 可以定义分数阶积分

$$\mathrm{D}^{-\alpha} f(t) = J_a^\alpha f(t) = \frac{1}{(\alpha-1)!} \int_a^t \frac{f(\tau)}{(t-\tau)^{1-\alpha}}\mathrm{d}\tau$$

但是阶乘仅对非负整数才有意义, 需要对其加以推广. 阶乘的特征是 $(n+1)! = (n+1) \cdot n!$, 联想到 Gamma 函数 $\Gamma(z)$ 具有如下性质:

$$\Gamma(z+1) = z\Gamma(z)$$

故可将阶乘推广为 Gamma 函数.

Gamma 函数的定义为

$$\Gamma(z) = \int_0^\infty e^{-t} t^{z-1} dt, \quad \Re(z) > 0$$

其阶乘性质可直接利用分部积分法证明. 因此, 分数阶积分可定义为

$$D^{-\alpha} f(t) = \frac{1}{\Gamma(\alpha)} \int_a^t \frac{f(\tau)}{(t-\tau)^{1-\alpha}} d\tau \tag{6.1}$$

对实数 $\alpha > 0$, 记 $[\alpha]$ 为不超过 α 的最大整数, 取 $m = [\alpha] + 1$, 利用导数阶数形式上的可加性,

$$D^\alpha = D^m D^{-(m-\alpha)}$$

那么非整数 α 阶导数可定义为

$$_{a}^{\mathrm{RL}}D_t^\alpha f(t) = \frac{1}{\Gamma(m-\alpha)} \frac{d^m}{dt^m} \int_a^t \frac{f(\tau)}{(t-\tau)^{1+\alpha-m}} d\tau \tag{6.2}$$

这就是分数阶导数的 Riemann-Liouville 定义. 如果利用

$$D^\alpha = D^{-(m-\alpha)} D^m, \quad m = [\alpha] + 1$$

则得到非整数 α 阶导数的 Caputo 定义

$$_{a}^{\mathrm{C}}D_t^\alpha f(t) = \frac{1}{\Gamma(m-\alpha)} \int_a^t \frac{f^{(m)}(\tau)}{(t-\tau)^{1+\alpha-m}} d\tau \tag{6.3}$$

由定义可以看出, Caputo 导数要求函数具有 m 阶的连续导数, 因而比 Riemann-Liouville 导数和 Grünwald-Letnikov 导数对函数的要求更强. 只有满足一定程度的光滑性和初始条件, 这些定义才是等价的, 详细讨论可参见文献 [18].

下面计算最简单的几个常用函数的分数阶导数.

首先, 在经典微积分中有

$$\frac{d^n}{dx^n} e^{\lambda x} = \lambda^n e^{\lambda x}$$

因此, 有理由相信 (期望) 如下的分数阶导数公式:

$$D_x^\alpha e^{\lambda x} = \lambda^\alpha e^{\lambda x}$$

这个公式对不对呢? 首先, 注意到分数阶导数的定义式都与被求导函数的定义域有关, 由于指数函数的定义域是全体实数, 下面来计算 $_{-\infty}D_x^\alpha e^{\lambda x}$. 以 Riemann-Liouville 导数为例, 记 $m = [\alpha] + 1$, 计算指数函数在点 x 处的导数

$$_{-\infty}^{\mathrm{RL}}D_x^\alpha e^{\lambda x} = \frac{1}{\Gamma(m-\alpha)} \frac{d^m}{dx^m} \int_{-\infty}^x \frac{e^{\lambda t}}{(x-t)^{1+\alpha-m}} dt$$

对其中的积分依次作变换

$$t = xu, \quad 1 - u = v, \quad \lambda xv = w$$

那么

$$\int_{-\infty}^{x} \frac{e^{\lambda t}}{(x-t)^{1+\alpha-m}} dt = \int_{-\infty}^{1} \frac{e^{\lambda xu} x}{x^{1+\alpha-m}(1-u)^{1+\alpha-m}} du$$

$$= \int_{0}^{+\infty} \frac{e^{\lambda x(1-v)} x}{x^{1+\alpha-m} v^{1+\alpha-m}} dv$$

$$= x^{m-\alpha} e^{\lambda x} (\lambda x)^{\alpha-m} \int_{0}^{+\infty} e^{-w} w^{m-\alpha-1} dw$$

$$= e^{\lambda x} \lambda^{\alpha-m} \Gamma(m-\alpha)$$

因此, 对非正整数 α 有

$$_{-\infty}^{\mathrm{RL}}\mathrm{D}_x^\alpha e^{\lambda x} = \frac{\mathrm{d}^m}{\mathrm{d}x^m}\left(e^{\lambda x}\lambda^{\alpha-m}\right) = \lambda^\alpha e^{\lambda x} \tag{6.4}$$

由上面的推导还可以看出, 对 Caputo 导数有相同的结论:

$$_{-\infty}^{\mathrm{C}}\mathrm{D}_x^\alpha e^{\lambda x} = \frac{1}{\Gamma(m-\alpha)} \int_{-\infty}^{x} \frac{\left(e^{\lambda t}\right)^{(m)}}{(x-t)^{1+\alpha-m}} dt$$

$$= \frac{\lambda^m}{\Gamma(m-\alpha)} \int_{-\infty}^{x} \frac{e^{\lambda t}}{(x-t)^{1+\alpha-m}} dt$$

$$= \frac{\lambda^m}{\Gamma(m-\alpha)} e^{\lambda x} \lambda^{\alpha-m} \Gamma(m-\alpha)$$

$$= \lambda^\alpha e^{\lambda x}$$

因此, 当积分起点为 $-\infty$ 时, 上述指数函数的求导公式和经典导数公式完全一致.

下面两个公式是经典导数公式的直接推广:

$$_{-\infty}^{\mathrm{RL}}\mathrm{D}_x^\alpha \sin \lambda x = \lambda^\alpha \sin\left(\lambda x + \alpha \frac{\pi}{2}\right) \tag{6.5}$$

$$_{-\infty}^{\mathrm{RL}}\mathrm{D}_x^\alpha \cos \lambda x = \lambda^\alpha \cos\left(\lambda x + \alpha \frac{\pi}{2}\right) \tag{6.6}$$

事实上, 利用 Euler 公式

$$e^{\mathrm{i}x} = \cos x + \mathrm{i} \sin x$$

以及 $\mathrm{i} = e^{\mathrm{i}\pi/2}$, 直接计算得

$$_{-\infty}^{\mathrm{C}}\mathrm{D}_x^\alpha e^{\mathrm{i}\lambda x} = (\mathrm{i}\lambda)^\alpha e^{\mathrm{i}\lambda x} = \lambda^\alpha e^{\mathrm{i}\lambda x + \mathrm{i}\frac{\alpha\pi}{2}}$$

$$= \lambda^\alpha \cos\left(\lambda x + \alpha \frac{\pi}{2}\right) + \mathrm{i}\lambda^\alpha \sin\left(\lambda x + \alpha \frac{\pi}{2}\right)$$

分离实部与虚部即得要证的两个导数公式. 读者可以自己探讨当定义域下限为有限数时对应的导数公式.

另外有

$$\frac{\mathrm{d}^n}{\mathrm{d}x^n}x^\beta = \beta(\beta-1)(\beta-2)\cdots(\beta-n+1)x^{\beta-n}$$

利用函数 $\Gamma(z)$, 可以将上式写成

$$\frac{\mathrm{d}^n}{\mathrm{d}x^n}x^\beta = \frac{\Gamma(\beta+1)}{\Gamma(\beta+1-n)}x^{\beta-n}$$

因此, 期望有如下分数阶导数公式:

$$\mathrm{D}_x^\alpha x^\beta = \frac{\Gamma(\beta+1)}{\Gamma(\beta+1-\alpha)}x^{\beta-\alpha}$$

特别地, 当 $\alpha=1/2$, $\beta=1$ 时有

$$\mathrm{D}_x^{1/2}x = \frac{\Gamma(2)}{\Gamma(3/2)}x^{1/2} = \frac{2}{\sqrt{\pi}}x^{1/2}$$

这就是当初 L'Hospital 所提问题的答案.

事实上, 为了保证导数存在, 取函数的定义域为正实数是恰当的. 由于

$$\int_0^x \frac{t}{(x-t)^{1/2}}\mathrm{d}t = \int_0^1 \frac{xu\cdot x}{x^{1/2}(1-u)^{1/2}}\mathrm{d}u$$

$$=x^{3/2}\int_0^1 \frac{1-v}{v^{1/2}}\mathrm{d}v = \frac{4}{3}x^{3/2}$$

所以函数 $f(x)=x$ 的 1/2 阶 Riemann-Liouville 导数为

$$\begin{aligned}{}^{\mathrm{RL}}_0\mathrm{D}_x^{1/2}x &= \frac{\mathrm{d}}{\mathrm{d}x}\left(\frac{1}{\Gamma(1/2)}\int_0^x \frac{t}{(x-t)^{1/2}}\mathrm{d}t\right)\\ &=\frac{\mathrm{d}}{\mathrm{d}x}\left(\frac{4}{3\sqrt{\pi}}x^{3/2}\right) = \frac{2}{\sqrt{\pi}}x^{1/2}\end{aligned}$$

同样, 函数 $f(x)=x$ 的 1/2 阶 Caputo 导数为

$$\begin{aligned}{}^{\mathrm{C}}_0\mathrm{D}_x^{1/2}x &= \frac{1}{\Gamma(1/2)}\int_0^x \frac{1}{(x-t)^{1/2}}\mathrm{d}t\\ &=\frac{x^{1/2}}{\Gamma(1/2)}\int_0^1 \frac{1}{v^{1/2}}\mathrm{d}v = \frac{2}{\sqrt{\pi}}x^{1/2}\end{aligned}$$

为了求得一般形式的幂函数的分数阶导数, 首先定义 Beta 函数 $\mathrm{B}(\alpha,\beta)$ 如下:

$$\mathrm{B}(\alpha,\beta) = \int_0^1 (1-v)^{\alpha-1}v^{\beta-1}\mathrm{d}v$$

该积分仅当 $\Re(\alpha) > 0$, $\Re(\beta) > 0$ 时存在. 对 $\int_0^t (1-v)^{\alpha-1} v^{\beta-1} \mathrm{d}v$ 作 Laplace 变换可得[18]

$$\int_0^t (1-v)^{\alpha-1} v^{\beta-1} \mathrm{d}v = \frac{\Gamma(\alpha)\Gamma(\beta)}{\Gamma(\alpha+\beta)} t^{\alpha+\beta-1}$$

特别地, 取 $t = 1$ 有 $\mathrm{B}(\alpha, \beta) = \dfrac{\Gamma(\alpha)\Gamma(\beta)}{\Gamma(\alpha+\beta)}$. 于是对 $\alpha > 0$, $m = [\alpha] + 1$ 有

$$\begin{aligned}
\int_0^1 (1-v)^{(m-\alpha)-1} v^{(\beta+1)-1} \mathrm{d}v &= \mathrm{B}(m-\alpha, \beta+1) \\
&= \frac{\Gamma(m-\alpha)\Gamma(\beta+1)}{\Gamma(m-\alpha+\beta+1)}
\end{aligned}$$

因此, 通过简单积分变换可得

$$\begin{aligned}
{}_0^{\mathrm{RL}}\mathrm{D}_x^\alpha x^\beta &= \frac{1}{\Gamma(m-\alpha)} \frac{\mathrm{d}^m}{\mathrm{d}x^m}\left(x^{m-\alpha+\beta} \int_0^1 (1-v)^{m-\alpha-1} v^\beta \mathrm{d}t \right) \\
&= \frac{1}{\Gamma(m-\alpha)} \cdot \frac{\Gamma(m-\alpha)\Gamma(\beta+1)}{\Gamma(m-\alpha+\beta+1)} \cdot \frac{\mathrm{d}^m}{\mathrm{d}x^m} x^{m-\alpha+\beta} \\
&= \frac{\Gamma(\beta+1)}{\Gamma(m-\alpha+\beta+1)} \cdot x^{-\alpha+\beta} \cdot \frac{\Gamma(m-\alpha+\beta+1)}{\Gamma(m-\alpha+\beta-m+1)} \\
&= \frac{\Gamma(\beta+1)}{\Gamma(\beta-\alpha+1)} x^{\beta-\alpha}
\end{aligned}$$

于是证明了

$$ {}_0^{\mathrm{RL}}\mathrm{D}_x^\alpha x^\beta = \frac{\Gamma(\beta+1)}{\Gamma(\beta-\alpha+1)} x^{\beta-\alpha} \tag{6.7}$$

类似地有 Caputo 导数的求导公式, 可参见文献 [19].

但是分数阶导数和整数阶导数有很多不同的特征. 例如, 在 Riemann-Liouville 导数意义下, 常数的导数不等于零. 事实上, 在式 (6.7) 中, 取 $\beta = 0$ 即可知, 常数 1 在点 x 处的 α 阶导数不为零, 即

$$ {}_0^{\mathrm{RL}}\mathrm{D}_x^\alpha 1 = \frac{1}{\Gamma(1-\alpha)} x^{-\alpha} \neq 0 $$

在一般情况下, 函数的分数阶导数公式都很复杂, 可按如下方法得到: 如果该函数可展开为 Taylor 级数, 那么利用 (6.7) 并逐项求导即可. 类似地, 对周期函数, 首先将其展开为 Fourier 级数, 然后利用式 (6.5) 和 (6.6) 并逐项求导即得该周期函数的分数阶导数.

Caputo 导数具有很多类似于整数阶导数的性质. 例如, 记 $F(s)$ 为 $f(t)$ 的 Laplace 变换, 则有如下 Laplace 变换公式[18]:

$$ \mathcal{L}({}_0^C\mathrm{D}_t^\alpha f(t))(s) = s^\alpha F(s) - \sum_{k=0}^{m-1} s^{\alpha-k-1} f^{(k)}(0) \tag{6.8}$$

6.2　分数阶微分方程及其解

积分–微分方程是一类应用广泛的方程, 常常被用于描述自然与社会中具有耗散和积累过程的现象, 其中微分项表示耗散过程, 积分项表示积累过程.

考察如下的积分–微分方程:

$$\frac{\mathrm{d}f(t)}{\mathrm{d}t} = -\lambda^2 \int_0^t k(t-t')f(t')\mathrm{d}t' \tag{6.9}$$

其中 $k(t-t')$ 称为记忆核函数. 特别地, 如果该系统不具有记忆效应, 即

$$k(t) = \delta(t) = \begin{cases} 1, & t = 0 \\ 0, & t \neq 0 \end{cases} \tag{6.10}$$

其中 $\delta(t)$ 为 Dirac 函数, 则该积分–微分方程简化为一常微分方程

$$\frac{\mathrm{d}f(t)}{\mathrm{d}t} = -\lambda^2 f(t)$$

该方程的解具有形式 $f(t) = f_0 e^{-\lambda^2 t}$.

如果该系统具有理想记忆效应, 即

$$k(t) = H(t) = \begin{cases} 1, & t \geqslant 0 \\ 0, & t < 0 \end{cases} \tag{6.11}$$

其中 $H(t)$ 为 Heaviside 函数, 则对应的积分–微分方程简化为

$$\frac{\mathrm{d}f(t)}{\mathrm{d}t} = -\lambda^2 \int_0^t f(t')\mathrm{d}t'$$

或

$$\frac{\mathrm{d}^2 f(t)}{\mathrm{d}t^2} + \lambda^2 f(t) = 0, \quad f'(0) = 0$$

该方程的解具有形式 $f(t) = f_0 \cos(\lambda t)$.

直接计算可知, 无记忆和理想记忆情形对应的核函数的 Laplace 变换分别为

$$\mathcal{L}(\delta(t))(s) = 1 \ \left(= \frac{1}{s^0} \right), \quad \mathcal{L}(H(t))(s) = \frac{1}{s} \ \left(= \frac{1}{s^1} \right)$$

很自然地想到对其一般化. 对介于无记忆和理想记忆之间的情形, 假设其核函数满足

$$\mathcal{L}(k(t))(s) = \frac{1}{s^\alpha}, \quad 0 < \alpha < 1$$

由逆 Laplace 变换得到

$$k(t) = \frac{t^{\alpha-1}}{\Gamma(\alpha)}$$

其中 $\Gamma(z)$ 为 Gamma 函数. 此时, 方程 (6.9) 为

$$\frac{\mathrm{d}f(t)}{\mathrm{d}t} = -\frac{\lambda^2}{\Gamma(\alpha)} \int_0^t (t-t')^{\alpha-1} f(t')\mathrm{d}t' \qquad (6.12)$$

按分数阶导数的 Caputo 定义, 该积分-微分方程可表示为一个分数阶微分方程

$$\frac{\mathrm{d}f(t)}{\mathrm{d}t} = -\lambda^2 \, _0\mathrm{D}_t^{-\alpha} f(t) \qquad (6.13)$$

或记为更紧凑的形式

$$_0\mathrm{D}_t^{1+\alpha} f(t) = -\lambda^2 f(t) \qquad (6.14)$$

为了得到方程 (6.14) 的解的形式, 考察熟悉而又简单的常微分方程

$$f'(t) = \chi f(t), \quad f(0) = f_0 \qquad (6.15)$$

它的解可表示为 $f(t) = f_0 \mathrm{e}^{\chi t}$, 其中指数函数 $\mathrm{e}^{\chi t}$ 可以按不同方式得到. 对应地, 可以类比引入分数阶指数函数, 进而得到方程 (6.14) 的解.

6.2.0.1　分数阶幂级数展开[20]

假设方程 (6.15) 的解具有幂级数形式

$$f(t) = a_0 + a_1 t + a_2 t^2 + \cdots + a_n t^n + \cdots$$

那么代入微分方程并比较同次幂的系数可得 $a_0 = f_0$, 并且

$$n a_n = \chi a_{n-1}, \quad n = 0, 1, 2, \cdots$$

由此可知

$$a_n = \frac{\chi^n}{n!} f_0$$

于是

$$f(t) = \sum_{n=0}^{\infty} \frac{\chi^n t^n}{n!} f_0 = \mathrm{e}^{\chi t} f_0$$

受此启发, 假设方程

$$_0\mathrm{D}_t^{\alpha} f(t) = \chi f(t), \quad f(0) = f_0 \qquad (6.16)$$

的解具有形式

$$f(t) = a_0 + a_1 t^{\alpha} + a_2 t^{2\alpha} + \cdots + a_n t^{n\alpha} + \cdots$$

那么利用导数公式

$$_0D^\alpha t^\beta = \frac{\Gamma(1+\beta)}{\Gamma(\beta+1-\alpha)}t^{\beta-\alpha}$$

将微分方程的解代入微分方程, 并比较同次幂的系数可得 $a_0 = f_0$, 并且

$$\frac{\Gamma(k\alpha+1)}{\Gamma((k-1)\alpha+1)}a_k = \chi a_{k-1}, \quad k = 1, 2, \cdots$$

由此可知

$$a_k = \frac{\chi^k}{\Gamma(k\alpha+1)}f_0$$

于是

$$f(t) = \sum_{k=0}^\infty \frac{\chi^k t^{k\alpha}}{\Gamma(k\alpha+1)}f_0$$

如果定义

$$\mathcal{E}_\nu^{\chi(t-a)} = \sum_{k=0}^\infty \frac{\chi^k (t-a)^{\nu k}}{\Gamma(k\nu+1)}, \quad t \geqslant a \tag{6.17}$$

那么分数阶积分方程 (6.16) 的解可表示为

$$f(t) = f_0 \mathcal{E}_\alpha^{\chi t}$$

进一步, 在 Caputo 导数意义下, 经直接计算得到

$$
\begin{aligned}
{}_a^C D_t^\nu \mathcal{E}_\nu^{\chi(t-a)} &= \sum_{k=1}^\infty \frac{\chi^k\, {}_a^C D_t^\nu (t-a)^{\alpha k}}{\Gamma(k\nu+1)} \\
&= \sum_{k=1}^\infty \frac{\chi^k}{\Gamma(k\nu+1)}\frac{\Gamma(k\nu+1)}{\Gamma(k\nu+1-\nu)}(t-a)^{\nu k-\nu} \\
&= \chi \sum_{k=0}^\infty \frac{\chi^k}{\Gamma(k\nu+1)}(t-a)^{\nu k} \\
&= \chi\, \mathcal{E}_\nu^{\chi(t-a)}
\end{aligned}
$$

因此, $\mathcal{E}_\nu^{\chi t}$ 满足 $_0D_t^\alpha \mathcal{E}_\nu^{\chi t} = \chi \mathcal{E}_\nu^{\chi t}$. 这表明 $\mathcal{E}_\nu^z$ 是一个类似于 e^z 的函数, 不妨称之为分数阶指数函数. 利用该函数, 分数阶积分方程 (6.13) 的解可表示为

$$f(t) = f_0 \mathcal{E}_{\alpha+1}^{-\lambda^2 t}$$

6.2.0.2　Laplace 变换[18]

对微分方程 (6.15) 作 Laplace 变换得

$$s\mathcal{L}(f(t)) - f_0 = \chi\mathcal{L}(f(t))$$

故

$$\mathcal{L}(f(t)) = \frac{f_0}{s - \chi} = \frac{f_0}{\chi} \frac{\chi/s}{1 - \chi/s} = \frac{f_0}{\chi} \sum_{k=0}^{+\infty} \left(\frac{\chi}{s}\right)^{k+1}$$

利用逆 Laplace 变换得到

$$f(t) = \frac{f_0}{\chi} \sum_{k=0}^{+\infty} \chi^{k+1} \frac{t^k}{\Gamma(k+1)} = f_0 \sum_{k=0}^{+\infty} \frac{(\chi t)^k}{k!} = f_0 e^{\chi t}$$

类似地, 对分数阶微分方程 (6.13) 在初始条件 $f(0) = f_0$ 下作 Laplace 变换得

$$s\mathcal{L}(f(t)) - f_0 = -\lambda^2 \cdot s^{-\alpha} \mathcal{L}(f(t))$$

于是

$$\mathcal{L}(f(t)) = \frac{f_0}{s + \lambda^2 s^{-\alpha}} = f_0 \cdot \left(\frac{1}{s} + \sum_{k=1}^{+\infty} \frac{(-\lambda^2)^k}{s^{(1+\alpha)k+1}}\right)$$

因此, 利用逆 Laplace 变换得到初值问题的分数阶幂级数形式的解, 其中分数阶幂级数就是前面定义的分数阶指数函数, 故分数阶微分方程 (6.14) 的解为

$$f(t) = f_0 \cdot \sum_{k=0}^{+\infty} \frac{(-\lambda^2)^k t^{(1+\alpha)k}}{\Gamma((1+\alpha)k+1)} = f_0 \mathcal{E}_{\alpha+1}^{-\lambda^2 t}$$

6.2.0.3　线性算子形式演算

考察非齐次一阶线性微分方程

$$f'(t) = \chi f(t) + f_0, \quad f(0) = 0 \tag{6.18}$$

记 $\bar{f}_0 = \frac{f_0}{\chi}$, 利用微分算子 D 有

$$D^{-1}\bar{f}_0 = \int_0^t \bar{f}_0 d\xi = \frac{t}{1}\bar{f}_0$$

$$D^{-2}\bar{f}_0 = D^{-1}(D^{-1}\bar{f}_0) = \int_0^t \xi \bar{f}_0 d\xi = \frac{t^2}{1 \cdot 2}\bar{f}_0$$

$$\cdots\cdots$$

于是微分方程的解为

$$f(t) = (D - \chi)^{-1} f_0 = \chi D^{-1}(1 - \chi D^{-1})^{-1}(\bar{f}_0)$$

$$= \sum_{k=0}^{+\infty} \chi^k D^{-k}(\bar{f}_0) - \bar{f}_0 = \sum_{k=0}^{+\infty} \chi^k \frac{t^k \bar{f}_0}{k!} - \bar{f}_0$$

$$= (e^{\chi t} - 1)\bar{f}_0$$

为简单起见, $D - \chi$ 中的 χ 表示为伸缩算子, 与之相乘的单位算子省略了.

完全类似地, 考察非齐次分数阶线性微分方程

$$_0\mathrm{D}_t^\alpha f(t) = \chi f(t) + f_0, \quad f(0) = 0 \tag{6.19}$$

其中分数阶导数为 Caputo 导数. 注意到类似于式 (6.7), 可以证明

$$_0\mathrm{D}_t^{-k\alpha}(f_0) = \frac{t^{k\alpha}}{\Gamma(1 + k\alpha)} f_0$$

与前面的步骤相对应作如下**形式演算**可得

$$
\begin{aligned}
f(t) &= (_0\mathrm{D}_t^{-\alpha} - \chi)^{-1} f_0 = \chi\, _0\mathrm{D}_t^{-\alpha}(1 - \chi\, _0\mathrm{D}_t^{-\alpha})^{-1}(\bar{f}_0) \\
&= \sum_{k=0}^{+\infty} \chi^k\, _0\mathrm{D}_t^{-k\alpha}(\bar{f}_0) - \bar{f}_0 \\
&= \sum_{k=0}^{+\infty} \chi^k \frac{t^{k\alpha} \bar{f}_0}{\Gamma(1 + k\alpha)} - \bar{f}_0 \\
&= (\mathcal{E}_\alpha^{\chi t} - 1)\bar{f}_0
\end{aligned}
$$

由此可以看出, $\mathcal{E}_\alpha^{\chi t}$ 是齐次线性微分方程

$$_0\mathrm{D}_t^\alpha f(t) = \chi f(t) \tag{6.20}$$

的解, 因而和 $\mathrm{e}^{\chi t}$ 作为 $f'(t) = \chi f(t)$ 的解有相同的作用.

分数阶微积分中最重要的函数之一是 Mittag-Leffler 函数, 它是 e^t 最直接的形式推广. 单参数 Mittag-Leffler 函数的定义为

$$E_\alpha(t) = \sum_{k=0}^{+\infty} \frac{t^k}{\Gamma(k\alpha + 1)}$$

显然, 有如下关系式:

$$\mathrm{e}^t = E_1(t), \quad \mathcal{E}_{\alpha+1}^{-\lambda^2 t} = E_{\alpha+1}(-\lambda^2 t^{\alpha+1})$$

双参数 Mittag-Leffler 函数的定义为

$$E_{\alpha,\beta}(t) = \sum_{k=0}^{+\infty} \frac{t^k}{\Gamma(k\alpha + \beta)}, \quad \alpha > 0,\ \beta > 0$$

显然, $E_{\alpha,1}(t) = E_\alpha(t)$, 并且有

$$E_{1,2}(t) = \frac{\mathrm{e}^t - 1}{t}, \quad E_{2,1}(t^2) = \cosh(t), \quad E_{2,2}(t^2) = \frac{\cosh(t)}{t}, \quad \cdots$$

$$E_{\alpha,\beta}(t) + E_{\alpha,\beta}(-t) = 2E_{\alpha,\beta}(t^2)$$

$$E_{\alpha,\beta}(t) - E_{\alpha,\beta}(-t) = 2tE_{2\alpha,\alpha+\beta}(t^2)$$

容易知道, 当且仅当 $\Re(\lambda) < 0$ 时有 $\lim\limits_{t\to+\infty} e^{\lambda t} = 0$. 有兴趣的读者不妨探索一下, 对分数阶指数函数, 如下性质:

$$\lim_{t\to+\infty} \mathcal{E}_\alpha^{\lambda t} = 0$$

成立的条件是什么? 另外, 当微分方程 (6.16) 为高维线性方程时, 其解是否可以有类似于矩阵指数函数的分数阶矩阵指数函数表示?

6.3 具有分数阶导数的线性振动微分方程的渐近解

由上面的简单介绍可以看出, 分数微积分对描述介于无记忆和理想记忆之间的中间过程是一种恰当的数学工具. 在力学领域, 介于理想固体与理想粘性流体之间的 "软物质" 也可采用分数微积分来描述. 但是和整数阶导数相比较, 从导数的定义到具体计算, 分数阶导数的结果都是比较复杂的. 下面要指出, 在一些特殊条件下, 分数阶微分方程的解可以具有和整数阶微分方程的解类似的形式[21].

本节研究如下单自由度线性振动系统的微分方程:

$$m\ddot{x}(t) + c\,{}_0\mathrm{D}_t^\alpha x(t) + kx(t) = 0, \quad 0 < \alpha < 2$$

其中 $m > 0$, $c > 0$, $k > 0$, $c\,{}_0\mathrm{D}_t^\alpha x(t)$ 为用分数阶导数描述的 "阻尼力". 当 $\alpha = 3/2$ 时, 方程为著名的 Bagley-Torvik 方程[18]. 对微分方程作无量纲化处理, 令

$$\omega = \sqrt{\frac{k}{m}}, \quad t = \omega t', \quad y(t') = x(\omega t'), \quad \mu = c\frac{\omega^\alpha}{k}$$

为方便起见, 仍记 t' 为 t, 那么振动方程化为

$$\ddot{y}(t) + \mu\,{}_0\mathrm{D}_t^\alpha y(t) + y(t) = 0, \quad \mu > 0 \tag{6.21}$$

假设方程的初始条件为

$$y(0) = y_0, \quad \dot{y}(0) = y_1 \tag{6.22}$$

在 Caputo 导数意义下, 对微分方程作 Laplace 变换得到

$$s^2 Y(s) - sy_0 - y_1 + \mu(s^\alpha Y(s) - s^{\alpha-1}y_0) + Y(s) = 0, \quad 0 < \alpha < 1$$

$$s^2 Y(s) - sy_0 - y_1 + \mu(s^\alpha Y(s) - s^{\alpha-1}y_0 - s^{\alpha-2}y_1) + Y(s) = 0, \quad 1 < \alpha < 2$$

其中 $Y(s) = \mathcal{L}(y(t))$, 故

$$Y(s) = \frac{sy_0 + y_1 + \mu\, s^{\alpha-1}y_0}{s^2 + \mu s^\alpha + 1}, \quad 0 < \alpha < 1$$

$$Y(s) = \frac{sy_0 + y_1 + \mu(s^{\alpha-1}y_0 + s^{\alpha-2}y_1)}{s^2 + \mu s^\alpha + 1}, \quad 1 < \alpha < 2$$

从而由 Laplace 逆变换有

$$y(t) = \frac{1}{2\pi i} \int_{\gamma - i\infty}^{\gamma + i\infty} Y(s)e^{st} ds \tag{6.23}$$

其中 $\gamma > 0$ 为常数. 可以看出, $s = 0$ 是 $Y(s)$ 的奇点. 当 $s = 0$ 时, $Y(s)$ 的值没有定义. 另外, 可以证明 (需要一点证明技巧! 有兴趣的读者可尝试一下), 当 $0 < \alpha < 2$ 时, 特征方程

$$p(s) := s^2 + \mu s^\alpha + 1 = 0 \tag{6.24}$$

在复平面 $-\pi \leqslant \arg(s) < \pi$ 上有且仅有一对共轭复根, $s_1 = \beta + i\omega = re^{i\theta}$ 和 $s_2 := \bar{s}_1 = \beta - i\omega = re^{-i\theta}$, 并且其实部 β 小于零. 进一步, 由留数定理有

$$y(t) + \lim_{\varepsilon \to 0,\, R \to +\infty} \left(\int_{C_{R_A}} + \int_{C_{R_B}} + \int_{s=\xi e^{i\pi}} + \int_{s=\xi e^{-i\pi}} + \int_{C_\varepsilon} \right) \frac{1}{2\pi i} Y(s)e^{st} ds$$

$$= \lim_{\varepsilon \to 0,\, R \to +\infty} \frac{1}{2\pi i} \oint_\Gamma Y(s)e^{st} ds \tag{6.25}$$

$$= \operatorname*{Res}_{s=s_1} Y(s)e^{st} + \operatorname*{Res}_{s=\bar{s}_1} Y(s)e^{st} \tag{6.26}$$

其中 $\gamma > 0$ 为取定的常数, Γ 为如图 6.1 所示的 Hankel 轨线, 曲线 Γ 包围了特征根 s_1, s_2. 直接验证可知, 无论是 $0 < \alpha < 1$, 还是 $1 < \alpha < 2$, 其中三个积分的极限值为零, 即

$$\int_{C_{R_A}} \to 0, \quad \int_{C_{R_B}} \to 0, \quad (R \to +\infty); \quad \int_{C_{R\varepsilon}} \to 0, \quad (\varepsilon \to 0)$$

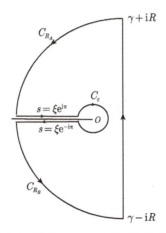

图 6.1 积分路径 Γ, 取逆时针方向, 即由 $\gamma - iR$ 出发, 沿垂直线到 $\gamma + iR$, 再沿圆弧线 C_{R_A}, 直线 $s = \xi e^{i\pi}$, 圆弧线 C_ε, 直线 $s = \xi e^{-i\pi}$, 最后经圆弧线 C_{R_B} 回到 $\gamma - iR$

需要特别注意的是, 在计算沿负实轴的上沿与下沿的曲线积分时, 不能简单地将 $Y(\xi e^{i\pi})$ 和 $Y(\xi e^{-i\pi})$ 写成 $Y(-\xi)$. 当 $0 < \alpha < 1$ 时有

$$
\lim_{\varepsilon \to 0,\, R \to +\infty} \left(\int_{s=\xi e^{i\pi}} + \int_{s=\xi e^{-i\pi}} \right) \frac{1}{2\pi i} Y(s) e^{st} \mathrm{d}s
$$

$$
= \frac{1}{2\pi i} \int_0^{+\infty} \left(Y(\xi e^{-i\pi}) - Y(\xi e^{i\pi}) \right) e^{-\xi t} \mathrm{d}\xi = \frac{1}{\pi} \int_0^{+\infty} \Im(Y(\xi e^{-i\pi})) e^{-\xi t} \mathrm{d}\xi
$$

$$
= \frac{1}{\pi} \int_0^{+\infty} \Im\left(\frac{-\xi y_0 + y_1 + \mu \xi^{\alpha-1} e^{-i(\alpha-1)\pi} y_0}{\xi^2 + \mu \xi^\alpha e^{-i\alpha\pi} + 1} \right) e^{-\xi t} \mathrm{d}\xi
$$

$$
= \frac{\mu}{\pi} \int_0^{+\infty} \frac{(\xi^{\alpha-1} y_0 + \xi^\alpha y_1) \sin(\alpha\pi)}{(\xi^2 + 1)^2 + 2\mu \xi^\alpha (\xi^2 + 1) \cos(\alpha\pi) + \mu^2 \xi^{2\alpha}} e^{-\xi t} \mathrm{d}\xi
$$

其中 $\Im(z)$ 为复数 z 的虚部. 当 $1 < \alpha < 2$ 时, 类似地有

$$
\lim_{\varepsilon \to 0,\, R \to +\infty} \left(\int_{s=\xi e^{i\pi}} + \int_{s=\xi e^{-i\pi}} \right) \frac{1}{2\pi i} Y(s) e^{st} \mathrm{d}s
$$

$$
= \frac{\mu}{\pi} \int_0^{+\infty} \frac{(r^{\alpha-1} y_0 - r^{\alpha-2} y_1) \sin(\alpha\pi)}{(\xi^2 + 1)^2 + 2\mu \xi^\alpha (\xi^2 + 1) \cos(\alpha\pi) + \mu^2 \xi^{2\alpha}} e^{-\xi t} \mathrm{d}\xi
$$

另外, 其中的留数具有如下形式:

$$
\operatorname*{Res}_{s=s_1} Y(s) e^{st} + \operatorname*{Res}_{s=\bar{s}_1} Y(s) e^{st} = A e^{\beta t} \cos(\omega t) + B e^{\beta t} \sin(\omega t)
$$

其中 A, B 为与初始值和特征根有关的常数.

因此, 振动方程初值问题的解可表示为

$$
y(t) = A e^{\beta t} \cos(\omega t) + B e^{\beta t} \sin(\omega t) - y^*(t) \tag{6.27}
$$

其中 $y^*(t)$ 为无穷积分. 显然, 如果 $\alpha = 1$, 那么 $y^*(t) \equiv 0$. 此时, $y(t) = A e^{\beta t} \cos(\omega t) + B e^{\beta t} \sin(\omega t)$, 即初值问题的解由特征根和初始值完全决定. 但是当 α 为非整数时, 一般来说有 $y^*(t) \neq 0$, 也就是说, 这个积分项对方程的解有贡献. 可以证明当 $t \to +\infty$ 时, $y^*(t) \to 0$. 这样具有分数阶阻尼的振动方程的解由两部分构成, 其一是类似于经典振动方程的特征函数展开式, 其二是分数阶微分方程特有的定积分. 由于 $\beta < 0$, 所以当 $t \to +\infty$ 时, 二者皆趋于零.

微分方程的解 (6.27) 随着 $t \to +\infty$ 最终趋于稳态解 $y = 0$. 但是和特征函数展开式相比较, 定积分的作用是很小的, 经过一段时间后, 定积分对解的影响可以忽略不计. 事实上, 当 $1 < \alpha < 2$ 时, 由于

$$
|y^*(t)| \leqslant \tilde{y}(t) := \frac{\mu}{\pi} \int_0^{+\infty} \frac{(\xi^{\alpha-1} |x_0| + \xi^{\alpha-2} |x_1|) |\sin(\alpha\pi)|}{(\xi^2 + 1)^2 + 2\mu \xi^\alpha (\xi^2 + 1) \cos(\alpha\pi) + \mu^2 \xi^{2\alpha}} e^{-\xi t} \mathrm{d}\xi
$$

其中 $\tilde{y}(t)$ 的被积函数为 t 的指数衰减函数, 对充分大的 t, $\tilde{y}(t) \approx 0$. 但是

$$
\begin{aligned}
\frac{|\tilde{y}'(t)|}{\mathrm{e}^{\beta t}} &= \frac{\mu}{\pi} \int_0^{+\infty} \frac{\xi(\xi^{\alpha-1}|x_0| + \xi^{\alpha-2}|x_1|)|\sin(\alpha\pi)|}{(\xi^2+1)^2 + 2\mu\xi^\alpha(\xi^2+1)\cos(\alpha\pi) + \mu^2\xi^{2\alpha}} \mathrm{e}^{-(\xi+\beta)t} \mathrm{d}\xi \\
&> \frac{\mu}{\pi} \int_0^{-\beta} \frac{\xi(\xi^{\alpha-1}|x_0| + \xi^{\alpha-2}|x_1|)|\sin(\alpha\pi)|}{(\xi^2+1)^2 + 2\mu\xi^\alpha(\xi^2+1)\cos(\alpha\pi) + \mu^2\xi^{2\alpha}} \mathrm{e}^{-(\xi+\beta)t} \mathrm{d}\xi
\end{aligned}
$$

上式中最后得到的积分的被积函数在 $[0, -\beta]$ 上是单调且连续的. 由积分中值定理可知, 存在常数 $\kappa \in (0, -\beta)$, 使得

$$
\begin{aligned}
&\frac{\mu}{\pi} \int_0^{-\beta} \frac{\xi(\xi^{\alpha-1}|x_0| + \xi^{\alpha-2}|x_1|)|\sin(\alpha\pi)|}{(\xi^2+1)^2 + 2\mu\xi^\alpha(\xi^2+1)\cos(\alpha\pi) + \mu^2\xi^{2\alpha}} \mathrm{e}^{-(\xi+\beta)t} \mathrm{d}\xi \\
&= \mathrm{e}^{-(\kappa+\beta)t} \cdot \frac{\mu}{\pi} \int_0^{-\beta} \frac{\xi(\xi^{\alpha-1}|x_0| + \xi^{\alpha-2}|x_1|)|\sin(\alpha\pi)|}{(\xi^2+1)^2 + 2\mu\xi^\alpha(\xi^2+1)\cos(\alpha\pi) + \mu^2\xi^{2\alpha}} \mathrm{d}\xi
\end{aligned}
$$

对 $t \gg 1$ 有 $\mathrm{e}^{-(\kappa+\beta)t} \gg 1$, 此时

$$
|\tilde{y}'(t)| \gg |\beta| \sqrt{A^2+B^2}\, \mathrm{e}^{\beta t} = |(\sqrt{A^2+B^2}\, \mathrm{e}^{\beta t})'| \tag{6.28}
$$

类似地, 容易知道, 此不等式对 $0 < \alpha < 1$ 也是成立的. 于是

$$
y(t) \approx A\mathrm{e}^{\beta t}\cos(\omega t) + B\mathrm{e}^{\beta t}\sin(\omega t), \quad t \gg 1 \tag{6.29}
$$

这表明如果仅关心振动方程的稳态运动, 那么忽略取值很小的积分值后, 可以像在常微分方程理论中那样来理解这个分数阶振动方程的解.

特别地, 当 $0 < \mu \ll 1$ 时, 分数阶振动方程的解可以更加简化. 实际上, 此时有

$$
y(t) \approx \rho\sin(\omega t + \phi), \quad t \gg 1
$$

其中 ρ, ϕ 为常数. 利用 "短时记忆原则 (short memory principle)"[18] 可得

$$
\begin{aligned}
{}_0\mathrm{D}_t^\alpha x(t) &\approx {}_{-\infty}\mathrm{D}^\alpha(\rho\sin(\omega t + \phi)) \\
&= \rho\omega^\alpha \sin\left(\omega t + \phi + \alpha\frac{\pi}{2}\right) \\
&= \rho\omega^\alpha \cos\left(\alpha\frac{\pi}{2}\right)\sin(\omega t + \phi) + \rho\omega^\alpha \sin\left(\alpha\frac{\pi}{2}\right)\cos(\omega t + \phi) \tag{6.30}
\end{aligned}
$$

式 (6.30) 中含 $\sin(\omega t + \phi)$ 的项和弹性力 (或惯性力) 项成比例 (在 $\alpha = 1$ 时不出现), 含 $\cos(\omega t + \phi)$ 的项和阻尼力项成比例. 视分数阶导数项为施加在振动方程 $\ddot{x} + x = 0$ 上的状态反馈控制, 那么该控制既可改变振动方程 $\ddot{x} + x = 0$ 平衡点的稳定性, 也可以改变该系统的振动固有频率. 这是整数阶导数项所不具有的特性.

进一步, 定义分数阶微分方程 (6.21) 的能量函数为

$$
E = \frac{1}{2}\dot{y}^2 + \frac{1}{2}y^2 \tag{6.31}
$$

那么能量的改变率, 即功函数为

$$\dot{E} = -\mu \dot{y}(t)\,{}_0\mathrm{D}_t^\alpha y(t)$$
$$\approx -\mu\rho\cos(\omega t + \phi)\rho\omega^\alpha \sin\left(\omega t + \phi + \alpha\frac{\pi}{2}\right)$$

当 $0 < \mu \ll 1$ 时, 由于 $\dot{E} \approx 0$ 且上式右端为 t 的周期函数, 因而可采用平均法将该功函数简化, 从而得到

$$\dot{E} \approx -\frac{1}{2\pi/\omega}\int_0^{2\pi/\omega}\left(\mu\rho^2\omega^\alpha \cos(\omega t + \phi)\sin\left(\omega t + \phi + \alpha\frac{\pi}{2}\right)\right)\mathrm{d}t$$
$$= -\mu\rho^2\omega^\alpha \sin\left(\alpha\frac{\pi}{2}\right)$$

因此, 当 $0 < \alpha < 2$ 时, $\dot{E} < 0$, 即线性振动系统的能量是衰减的. 这表明分数阶导数项的确可起到阻尼的作用, 故称之为分数阶阻尼.

6.4 分数阶微分方程的稳定性检验法

对 Bagley-Torvik 振动方程来说, 其特征根都具有负实部, 那么在自由振动条件下, 初始问题的解随着 $t \to +\infty$ 都趋于零. 这就是说, 该微分方程的零解具有渐近稳定性. 所有特征根都具有负实部这一条件与整数阶常微分方程零解稳定性的条件是一致的. 因此, 有理由相信, 这一条件可以保证更广泛的一类分数阶微分方程零解的稳定性. 本书不打算就稳定性这一课题进行研究, 仅就如何判断一个特征函数是否只有负实部特征根作初步的探讨. 为叙述简便起见, 考察一类分数阶微分方程, 其特征函数为

$$p(s) = s^{n/m} + a_1 s^{(n-1)/m} + a_2 s^{(n-2)/m} + \cdots + a_{n-1}s^{1/m} + a_n \qquad (6.32)$$

其中 m, n 为正整数, a_1, a_2, $\cdots$, a_n 为实数.

为了找到一个使 $p(s)$ 所有根都具有负实部的条件, 首先考察一种类似的, 但又简单的情形, 即多项式

$$q(s) = s^n + a_1 s^{n-1} + a_2 s^{n-2} + \cdots + a_{n-1}s + a_n \qquad (6.33)$$

文献中已有不少判据, 其中最著名的判据是 Routh-Hurwitz 判别法. 记

$$\Delta_1 = a_1, \quad \Delta_2 = \begin{vmatrix} a_1 & a_0 \\ a_3 & a_2 \end{vmatrix}, \quad \Delta_3 = \begin{vmatrix} a_1 & a_0 & 0 \\ a_3 & a_2 & a_1 \\ a_5 & a_4 & a_3 \end{vmatrix}, \quad \cdots$$

$$\Delta_n = \begin{vmatrix} a_1 & a_0 & 0 & 0 & \cdots & 0 \\ a_3 & a_2 & a_1 & a_0 & \cdots & 0 \\ \vdots & \vdots & \vdots & \vdots & & \vdots \\ a_{2n-1} & a_{2n-2} & a_{2n-3} & a_{2n-4} & \cdots & a_n \end{vmatrix} = a_n \Delta_{n-1}$$

其中 $a_0 = 1$, 并且当 $i > n$ 时有 $a_i = 0$, 那么 $q(s)$ 的所有根具有负实部的充分必要条件是下列不等式同时成立[14, 22]:

$$\Delta_1 > 0, \quad \Delta_2 > 0, \quad \cdots, \quad \Delta_n > 0 \tag{6.34}$$

还有一些不怎么特别有名的判据. 例如, 利用辐角原理可以证明[23]: $q(s)$ 的所有根具有负实部当且仅当 ω 由 0 增加到 $+\infty$ 时, $q(\mathrm{i}\omega)$ 的辐角差等于 $n\pi/2$, 即

$$\arg q(\mathrm{i}\omega) \big|_0^{+\infty} = \frac{n\pi}{2} \tag{6.35}$$

这一条件通常称为 Mikhailov 判别法, 其表达式很简洁, 但应用起来不方便. 注意到如果记 $M(\omega) + \mathrm{i}N(\omega) = q(\mathrm{i}\omega)$, 那么

$$\frac{\mathrm{d}}{\mathrm{d}\omega} \arg q(\mathrm{i}\omega) = \frac{N'(\omega)M(\omega) - M'(\omega)N(\omega)}{M^2(\omega) + N^2(\omega)} = \Re\left(\frac{q'(\mathrm{i}\omega)}{q(\mathrm{i}\omega)}\right)$$

所以 Mikhailov 判别法可转化为如下等价的形式:

$$\int_0^{+\infty} \Re\left(\frac{q'(\mathrm{i}\omega)}{q(\mathrm{i}\omega)}\right) \mathrm{d}\omega = \frac{n\pi}{2} \tag{6.36}$$

不妨称之为积分值检验法. 积分值检验法与 Mikhailov 判别法在数学上是等价的, 但积分值检验法便于应用. 特别地, 由于

$$\frac{N'(\omega)M(\omega) - M'(\omega)N(\omega)}{M^2(\omega) + N^2(\omega)} = O(\omega^{-2}), \quad |\omega| \gg 1$$

所以对充分大的 $T > 0$ 有

$$\int_0^{+\infty} \Re\left(\frac{q'(\mathrm{i}\omega)}{q(\mathrm{i}\omega)}\right) \mathrm{d}\omega \approx \int_0^T \Re\left(\frac{q'(\mathrm{i}\omega)}{q(\mathrm{i}\omega)}\right) \mathrm{d}\omega \tag{6.37}$$

注意到被检验的无穷积分的值只能是 $\pi/2$ 的整数倍, 并且以 $n\pi/2$ 为上界, 因而可取适当大的 T, 检验条件

$$\int_0^T \Re\left(\frac{q'(\mathrm{i}\omega)}{q(\mathrm{i}\omega)}\right) \mathrm{d}\omega > \frac{(n-1)\pi}{2} \tag{6.38}$$

是否成立即可.

Routh-Hurwitz 判别法是一种代数判据, 即只需要作简单的加减乘除四则运算就可以判断是否 $q(s)$ 的所有根都具有负实部, 检验起来特别方便. 而积分值判别法用到了更高级的数学运算, 需要计算函数的导数与定积分, 但对已熟悉微积分以及数值积分方法的大学生与研究生来说, 检验起来也非常容易. 重要的是积分值检验条件是一种本质特征, 一种非此即彼的等式关系, 反映了特征多项式的首项次数在稳定性分析中的关键作用. 因此, 和 Routh-Hurwitz 判别法需要同时检验多个表达式是否同时成立这一思路相比较, 积分值检验法应该更容易被推广到更一般的情形.

可以猜想: $p(s)$ 的所有根具有负实部当且仅当如下条件成立:

$$\int_0^{+\infty} \Re\left(\frac{p'(\mathrm{i}\omega)}{p(\mathrm{i}\omega)}\right) \mathrm{d}\omega = \frac{(n/m)\pi}{2} \tag{6.39}$$

这个结论甚至可以推广到更一般的情形, 如含有分数幂和指数幂 $\mathrm{e}^{-\tau s}$ 的特征函数, 其证明还是利用辐角原理, 具体细节留给有兴趣的读者去完成.

为了说明积分值检验法, 考察如下分数阶微分方程:

$$\ddot{x}(t) + \mu_0 \mathrm{D}_t^{4/3} x(t) + x(t) = 0$$

其中系数 $1 < \mu < 2$. 该微分方程的特征方程为

$$p(s) := s^3 + \mu s^{4/3} + 1 = 0 \tag{6.40}$$

记 $\mu_i = 1 + i/100 \ (i = 0, 1, 2, \cdots, 100)$, 取 $T = 400$, 分别计算积分

$$l_i = \int_0^{400} \Re\left(\frac{p'(\mathrm{i}\omega)}{p(\mathrm{i}\omega)}\right) \mathrm{d}\omega$$

当 $l_i \approx 3\pi/2$ 时, $p(s)$ 的所有根都具有负实部. 如图 6.2 所示, 当 $1.567 < \mu \leqslant 2$ 时, 特征函数所有根都具有负实部. 例如, 当 $\mu = 1.56$ 时, 上述定积分的值约为 -1.571, 对应的无穷积分不可能等于 $3\pi/2$, 即 $p(s)$ 具有非负实部的根; 而当 $\mu = 1.57$ 时, 上述定积分的值约为 4.712, 非常接近 $3\pi/2$, 对应的无穷积分只能等于 $3\pi/2$, 即 $p(s)$ 的根都具有负实部. 在 $\mu = 1.56$ 与 $\mu = 1.57$ 之间的某个 μ 值, 这个分数阶微分方程的零解的稳定性发生了改变.

和前面章节多次出现的情形类似, 在将特殊问题推广到一般情形时, 不仅要重视简单问题与复杂问题之间的共性, 以便由此及彼得到新的发现, 还要注意它们之间的差异, 以体现它们各自的独特性或存在的必要性. 例如, 在复数范围内, 多项式 $q(s)$ 是单值函数, 而分数幂 $\lambda = s^{1/m}$ 是多值函数, 从而相应的特征函数 $p(s)$ 是多值函数. 因此, 稳定性检验条件 (6.39) 中还有一些细节问题需要考虑, 要用到复变函数中 Riemann 曲面的概念. 详细讨论可参见文献 [20, 24].

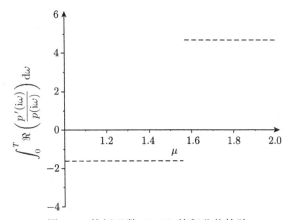

图 6.2　特征函数 (6.40) 的积分值检验

当 $1.567 < \mu \leqslant 2$ 时, 特征函数所有根都具有负实部

Mikhailov 判别法应用中的不方便即提供了新的研究课题, 除了上述积分值检验法之外, 还可寻找其他易于检验的稳定性判别法. 例如, 与 Mikhailov 判别法 (6.35) 相对应, 可以寻找一个与 $q(s)$ 有关的多项式 $r(s)$, 使其满足

$$\arg r(\mathrm{i}\omega)\,\big|_0^{+\infty} = 0$$

即随着 ω 由 0 增加到 $+\infty$, 复数 $r(\mathrm{i}\omega)$ 的辐角改变量为零. 这个条件在几何上的含义很清楚, 即由

$$r(\mathrm{i}\omega) = P(\omega) + \mathrm{i}Q(\omega)$$

定义的频率响应曲线

$$\{P(\omega) + \mathrm{i}Q(\omega)|0 < \omega < +\infty\} = \{(P(\omega), Q(\omega))|0 < \omega < +\infty\} \tag{6.41}$$

不包围复平面的原点. 由商的辐角关系可知, 辅助函数 $r(s)$ 可取为

$$r(s) = \frac{q(s)}{(s+c)^n}$$

其中 c 为正数. 当 $|q(0)|$ 不大时, 取 $c = 1$ 即可, 当 $|q(0)|$ 较大时, 取较大的 c 值, 使得频率响应曲线的分布范围不太大. 将这种方法推广到含分数幂的特征函数 $p(s)$, 辅助函数 $r(s)$ 可取为

$$r(s) = \frac{p(s)}{(s+c)^{n/m}}$$

如果存在常数 $c > 0$ 使得 $r(\mathrm{i}\omega)$ 的频率响应曲线不包围复平面的原点时, 则 $p(s)$ 的所有根具有负实部[20, 25]. 这就是所谓的频率响应图示法, 应用起来直观、方便.

辅助函数 $r(\lambda)$ 将频率响应曲线终点固定在 $1 + 0 \cdot i$. 整数阶的辅助函数 $r(\lambda)$ 最早出现在文献 [26] 中, 其中不加证明地应用频率响应判据确定线性时滞微分方程的稳定性, 以及参数在各自给定区间取值时的鲁棒 (区间) 稳定性.

尽管分数微积分的研究历史非常长, 但一直没有形成研究主流. 直到 20 世纪 80 年代, Bagley 和 Torvik 等将分数阶导数成功地引入黏弹性材料的本构关系建模后, 分数阶微积分才引起工程技术界的广泛注意[27, 28]. 黏弹性理论是分数阶微积分目前应用最广泛的方向之一[18]. 之后, 一些学者又将分数阶微积分引入控制理论中, 提出了分数阶控制器的概念, 发现分数阶状态反馈控制比经典状态反馈控制更精确, 并且具有更好的鲁棒性[18, 24]. 分数阶控制的应用包括主动悬架、液压作动器、柔性机械手、机器人等诸多运动控制问题[20]. 分数阶微积分的其他工程应用可参见文献 [29]. 另外, 分数阶微积分与分形理论有重要联系. 对满足 $0 < a < 1,\ ab > 1 + (3/2)\pi$ 的实数 a 和奇数 b, 作著名的 Weiestrass 函数

$$w(t) = \sum_{k=0}^{\infty} a^k \cos(b^k \pi t) \tag{6.42}$$

它是处处连续且处处不可微的, 但具有分数阶导数. 可以证明具有分形几何特征的函数存在分数阶导数[30].

分数阶微积分是描述具有记忆特性的结构或系统, 以及描述中间过程等问题的有效的数学工具. 目前分数阶微积分及其应用已逐渐成为数学、力学、物理、控制理论、信号处理、生物与医学等众多学科领域的重要研究课题和工具.

参 考 文 献

[1] Pólya G. 数学与猜想 (第一卷: 数学中的归纳和类比). 北京: 科学出版社, 1984.

[2] 苏淳. 从特殊性看问题. 合肥: 中国科学技术大学出版社, 1988.

[3] Klein F. 高观点下的初等数学 (第一卷). 上海: 复旦大学出版社, 2008.

[4] Steeb W H, Villet C M. A conjectured matrix inequality. SIAM Review, 1989, 31(3): 495.

[5] 李世雄. 代数方程与置换群. 上海: 上海教育出版社, 1981.

[6] 孙本旺, 汪浩. 数学分析中的典型例题和解题方法. 长沙: 湖南科学技术出版社, 1983.

[7] Beckenbach E F, Bellman R. Inequalities (Fourth Printing). Berlin: Springer-Verlag, 1983.

[8] 陈志杰. 高等代数与解析几何 (下). 北京: 高等教育出版社, Springer-Verlag, 2001.

[9] 杨路, 张景中, 侯晓荣. 非线性代数方程组与定理机器证明. 上海: 上海科技教育出版社, 1996.

[10] 张远达. 线性代数原理. 上海: 上海教育出版社, 1981.

[11] 史济怀. 母函数. 上海: 上海教育出版社, 1981.

[12] 常庚哲. 复数计算与几何证题. 上海: 上海教育出版社, 1981.

[13] 张锦炎, 冯贝叶. 常微分方程几何理论与分支问题 (第二版). 北京: 北京大学出版社, 2000.

[14] 黄琳. 系统与控制理论中的线性代数. 北京: 科学出版社, 1990.

[15] 李延保, 秦国强, 王在华. 有界线性算子半群应用基础. 沈阳: 辽宁科学技术出版社, 1992.

[16] 胡海岩. 应用非线性动力学. 北京: 航空工业出版社, 2000.

[17] 黄琳. 稳定性与鲁棒性的理论基础. 北京: 科学出版社, 2003.

[18] Podlubny I. Fractional Differential Equations. San Diego: Academic Press, 1999.

[19] Diethelm K. The Analysis of Fractional Differential Equations. Heidelberg: Springer-Verlag, 2010.

[20] Monje C A, Chen Y Q, Vinagre B M, et al. Fractional-order Systems and Controls: Fundamentals and Applications. London: Springer-Verlag, 2010.

[21] Wang Z H, Du M L. Asymptotical behavior of the solution of a SDOF linear fractionally damped vibration system. Shock and Vibration, 2011, 18: 257–268.

[22] 王高雄, 周之铭, 朱思铭等. 常微分方程 (第三版). 北京: 高等教育出版社, 2006.

[23] 钟玉泉. 复变函数论. 北京: 高等教育出版社, 1979.

[24] Caponetto R, Dongola G, Fortuna L, et al. Fractional Order Systems: Modeling and Control Applications. Hackersack: World Scientific, 2010.

[25] Buslowicz M. Stability of linear continuous-time fractional order systems with delays

of the retarded type. Bulletin of the Polish Academy of Sciences: Technical Sciences, 2008, 56: 319–324.

[26] Fu M Y, Olbrot A W, Polis M P. Robust stability for time-delay systems: the edge theorem and graphical tests. IEEE Transactions on Automatic Control, 1989, 34: 813–820.

[27] Bagley R L, Torvik P J. On the appearance of the fractional derivative in the behavior of real materials. ASME Journal of Applied Mechanics, 1984, 51: 294–298.

[28] Rossikhin Yu A, Shitikova M V. Application of fractional calculus for dynamic problems of solid mechanics: novel trends and recent results. Applied Mechanics Reviews, 2010, 63: 010801–1-52.

[29] Machardo J A T, Silva M F, Barbosa R S, et al. Some applications of fractional calculus in engineering. Mathematical Problems in Engineering, 2010, Article ID 639801, 34 pages, doi: 1155/2010/639801.

[30] Kolwankar K M, Gangal A D. Fractional differentiability of nowhere differentiable functions and dimensions. Chaos, 1996, 6(4): 505–513.